레스토랑 디저트,
어떤 아이디어로 조합해야 하나?

Une Idée et Montage du Dessert

Mari TANAKA 지음

용동희 옮김

GREENCOOK

지금까지 만난 모든 인연, 모든 사람들에게
감사의 말을 전하고 싶습니다.
여러분 덕분에 이 책을 출간할 수 있었습니다.
모두 감사합니다. 사랑합니다.

Je dois remercier toutes les personnes
que j'ai recontrées jusqu'à maintenant.
Grâce à vous. J'ai pu sortir ce livre.
Merci à tous. Grand bisou.

CONTENTS

레스토랑 디저트란

레스토랑 디저트와 과자는 무엇이 다른가

내가 생각하는 레스토랑 디저트란 「그 장소에서, 그 시간에만 먹을 수 있는 것」이다. 디저트에 바로 먹지 않으면 녹아버리는 아이스크림이나 소르베(sorbet)가 많은 이유도 바로 이 때문이다. 그 밖에 바삭한 머랭, 과일을 아주 얇게 슬라이스한 후 건조하듯 구운 칩, 고소하게 살짝 구운 튀일 등도 디저트에 사용되는 대표적인 구성요소이다. 수분이 잘 흡수되어 부서지기 쉬운 섬세한 구성요소는 만들자마자 바로 제공하는 디저트이기 때문에 사용할 수 있다. 어떻게 조합할지에 따라 다르겠지만, 레스토랑에서는 조금만 움직여도 순식간에 부서지는 섬세한 구성의 디저트도 만든다.

반대로 파티세리 케이크는 쇼케이스에 하루 종일 진열해도 부서지지 않는 것이 전제되어야 한다. 집까지 가져가는 것을 계산하여 배합을 결정하고, 각각의 구성요소를 만들고 조립하지 않으면 안 된다. 그런 점이 레스토랑 디저트와 가장 다른 점이다.

레스토랑 디저트가 전하고 싶은 것

아이스크림과 수플레를 조합하듯이, 차가운 것과 따뜻한 것을 한 접시에 담을 수 있는 것도 레스토랑 디저트의 묘미다. 또는 보기에는 심플하지만, 안에 무언가 색다른 것이 들어 있는 디저트도 있다. 개인적으로는 나이프나 스푼을 디저트에 넣는 순간, 입 안에서 「놀라움」이 연출되는 디저트를 좋아하여 자주 만들고 있다.

디저트는 식사 마지막에 먹는다. 따라서 손님들의 인상에 강하게 남기 때문에 디저트가 레스토랑 전체의 이미지를 좌우한다고 해도 과언이 아니다.

나는 식사로 배가 부른 손님이라도 무의식적으로 계속 전부 먹게 만드는 디저트가 되도록 언제나 신경쓰고 있다. 맛은 물론 식감의 즐거움, 보기 좋은 모양, 볼륨감 등 디저트를 만들 때 고려해야 것은 여러 가지이다. 내가 예전에 그랬듯이 여러분도 실제 현장에서 하나씩 배우면서 디저트를 만드는 센스를 키우기를 바란다.

Compote
de kumquats,
glace à la coriandre

금귤 콩포트와 고수 아이스크림

금귤은 강한 신맛에 비해 향은 그다지 강하지 않다.
먼저 금귤을 콩포트하고, 고수로 부드러운 향을 보충한다.
콩포트, 아이스크림, 그리고 고소하게 구운 바삭한 그리시니까지.
새콤한 맛과 향뿐만 아니라 식감까지 매력적인 디저트.

Gelée à la clémentine
감귤 젤리

재료 5~6인분

감귤 카르티에* quartiers de clémentine 350g
감귤주스(100%) jus de clémentine 100g
판젤라틴 gélatine en feuilles 8g

만드는 방법

1
판젤라틴을 얼음물에 담가 불린다. 감귤 카르티에는 잘게 자른다.

2
냄비에 감귤주스를 넣고 데운 후, 물기를 제거한 판젤라틴을 넣어 녹인다. 잘게 자른 감귤을 넣고 섞는다.

3
준비한 용기에 조금씩 붓고, 냉장고에 식혀 굳힌다.

* 얇은 속껍질을 제거한 감귤류의 과육, 또는 그것을 자른 것. 먼저 감귤류 겉껍질의 위와 아래를 칼로 잘라내고, 측면의 곡선을 따라 위에서 아래로 껍질을 벗겨낸다. 과육과 속껍질 사이에 V자로 칼집을 넣어 과육을 도려낸다.

Compote de kumquat
금귤 콩포트

재료 5~6인분

금귤 kumquats ...... 10~15개
고수(씨) coriandres 4g
레몬 citrons ...... ¼개

시럽 sirop
물 eau 300g
그래뉴당 sucre semoule 150g

만드는 방법

1

금귤은 꼬치로 군데군데 구멍을 내고, 끓는 물에 2번 정도 데친다. 꼬치로 구멍을 내는 이유는 시럽이 속까지 잘 배어들고, 가열할 때 팽창하여 갈라지지 않게 하기 위해서이다.

2

향이 잘 우러나도록 고수 씨를 칼배로 눌러 으깨고 면포로 감싼다.

3

냄비에 시럽재료를 넣고 끓이다가 1, 2, 레몬을 넣고 덮개를 덮는다. 금귤 껍질이 부드러워질 때까지 약한 불로 가열한다. 너무 끓이지 않도록 주의한다.

4

불에서 내려 그대로 식힌 후, 냉장고에 하루 정도 넣어둔다.

Crème glacée à la coriandre
고수 아이스크림

재료 15인분

고수(씨)*1 coriandres 8g

A | 우유 lait 280g
  | 생크림(유지방 38%) crème liquide 120g
  | 버터 beurre 45g

달걀노른자 janues d'œufs 72g
그래뉴당 sucre semoule 70g

*1 향이 잘 우러나도록 고수 씨를 칼배로 눌러 으깬다.

만드는 방법

1	2	3	4

1 냄비에 A, 으깬 고수 씨를 넣고 끓기 직전까지 가열한다.

2 볼에 달걀노른자와 그래뉴당을 넣고 하얗게 될 때까지 섞은 후, 온도가 너무 식지 않도록 우선 볼에 1의 ½을 넣어 섞고 다시 냄비에 옮겨 담아 전체를 섞으면서 83℃*2까지 가열한다.

3 볼에 옮겨 담은 후, 얼음물이 담긴 볼 위에 얹어 섞으면서 식힌다. 섞으면서 식히지 않으면 버터가 분리된다.

4 체에 걸러 비닐랩을 씌우고 냉장고에 하룻밤 넣어둔 후, 아이스크림 기계에 넣는다.

*2 온도가 83℃ 이상이 되면 달걀이 익으므로 주의한다.

Chips de kumquat
금귤 칩

재료 만들기 적당한 분량

금귤 kumquats ...... 7~8개
슈거파우더 sucre glace ...... 적당량

만드는 방법

1 금귤은 반으로 잘라 씨를 제거하고 얼린다.

2 얼린 금귤을 슬라이서로 얇게 자른다.

3 오븐팬에 실리콘 베이킹 매트를 깔고, 금귤끼리 살짝 겹치게 2개씩 나란히 올린 후 슈거파우더를 뿌린다.

4 70~80℃로 예열한 오븐에 2~3시간 건조하듯이 굽는다. 그대로 식힌다.

Gressins

그리시니

재료 15인분

A
강력분 farine forte	...... 125g
박력분 farine faible	...... 125g
생이스트 levurer de boulanger	...... 6g
그래뉴당 sucre semoule	...... 6g
소금 sel	...... 7g
식용유 huile végétale	...... 50g
물 eau	...... 75g

강력분(덧가루) farine forte ...... 적당량
올리브오일 huile d'olive ...... 적당량
그래뉴당 sucre semoule ...... 적당량

만드는 방법

1
볼에 A를 모두 넣고 덩어리로 뭉쳐질 때까지 가볍게 섞는다.*

2
작업대로 옮겨 덧가루를 뿌리고 반죽한다. 글루텐이 생겨 반죽이 매끄러워지면 비닐랩을 씌우고 실온에서 30분 휴지시킨다.

3
작업대에 덧가루를 뿌리고, 밀대를 사용하여 **2**의 반죽을 3~4㎜ 두께로 민다. 0.5×7㎝ 크기의 막대모양으로 자른다.

4
오븐팬에 베이킹시트를 깔고 **3**을 나란히 올린다. 표면에 브러시로 올리브오일을 가볍게 바르고 그래뉴당을 뿌린다.

5
30℃ 정도의 따뜻한 곳에서 2배 정도로 커질 때까지 발효시킨다.

6
180℃로 예열한 오븐에 10분 정도 구운 후 식힌다.

* 소금과 생이스트가 직접 닿으면 반죽이 잘 부풀지 않으므로, 소금은 먼저 다른 가루에 넣은 다음에 섞는다.

[조합 + 플레이팅]

1

금귤 콩포트를 4등분으로 자른다. 용기에 굳힌 감귤 젤리 위에 용기의 바닥보다 조금 작은 세르클틀을 올리고, 틀 가장자리를 따라 콩포트를 방사형으로 배열한다.

2

콩포트가 잠기도록 시럽을 적당히 붓는다. 그 위에 그리시니 3개를 삼각형으로 겹쳐 올린다.

3

고수 아이스크림으로 크넬(quenelle)*을 만들어 올리고 금귤 칩을 꽂는다.

* 럭비공모양(크넬)으로 만든 것.

Millefeuille au Kaki et glace au thé de lotus

곶감 연잎차 밀푀유

아시아의 풍미가 은은하게 느껴지는 디저트. 연잎차로 아이스크림을 만들고,
맛과 색의 조화를 위해 반건조 곶감을 선택하였다.
디저트 컨설팅을 의뢰한 레스토랑에서 「감을 사용할 수 없나요?」라는
질문이 많아서 마음 속으로 생각하고 있던 식재료이다.
소스에는 신선한 감을 사용하였다.

Feuilletage
푀이타주

재료 10~12인분

A	강력분 *farine forte* 93g	버터 *beurre* 215g
	박력분 *farine faible* 156g	슈거파우더 *sucre glace* ...... 적당량
	소금 *sel* 6g	
	물 *eau* 125g	
	녹인 버터 *beurre fondu* 38g	

만드는 방법

1

볼에 A를 넣는데, 강력분과 박력분은 체에 쳐서 넣고 나머지를 넣는다. 글루텐이 생기지 않도록 스크레이퍼로 자르듯이 섞는다. 손으로 뭉쳐 최소 1시간 냉장고에 넣어둔다.

2

냉장고에서 버터를 꺼내 납작하게 자르고, 실온에 조금 부드러워질 때까지 둔다. 비닐랩으로 감싸 밀대로 두들겨 1의 반죽 정도로 부드럽고 평평한 정사각형으로 만든다.

3

1의 반죽을 2의 버터보다 큰 정사각형으로 미는데, 중심에서 바깥쪽으로 네 가장자리가 늘어나게 민다(반죽의 중심부는 조금 두꺼워도 좋다). 반죽 가운데에 버터를 놓고 가장자리를 안으로 접어 버터를 감싼 후 밀대로 두들긴다.

4

3의 반죽을 앞뒤로 밀어 3겹으로 접는다(3절접기라고 한다).

5

반죽을 90도씩 돌리면서 앞뒤로 민 후, 4겹으로 접는다. 4~5를 한 번 더 반복한다(3절접기와 4절접기를 교대로 2번씩 반복해도 좋다).

6

반죽을 약 2mm 두께로 밀어 베이킹시트를 깐 오븐팬에 올린 후, 포크로 군데군데 자국을 낸다. 그 위에 베이킹시트를 덮고, 다시 오븐팬 하나를 올린다. 190℃로 예열한 오븐에 15~20분 굽는다. 전체적으로 옅은 갈색을 띠면 꺼내 슈거파우더를 뿌리고, 230℃로 예열한 오븐에 5분 굽는다.

7

슈거파우더가 녹아 캐러멜색을 띠면 베이킹시트째 식힘망에 옮겨 식힌다. 3×9cm 크기의 직사각형으로 잘라 냉동실에서 식힌다.

Marmelade au Kaki
곶감 마멀레이드

재료 10인분

반건조 곶감(꼭지와 씨를 제거한 것) kaki demi-sec ······ 420g
시럽 sirop

- 물 eau ······ 80g
- 그래뉴당 sucre semoule ······ 60g
- 스타아니스(팔각) anis étoilés cassé ······ 2개
- 시나몬파우더 cannelle poudre ······ 0.5g

만드는 방법

1
곶감을 잘게 다진다.

2
냄비에 시럽재료를 넣고 끓인다. 1을 넣고 가열하면서 섞어 수분을 가볍게 날린다.

3
불에서 내려 식힌다.

Crème au Kaki
곶감 크림

재료 10인분

우유 lait ······ 125g
바닐라빈 gousse de vanille ······ ¼개
달걀노른자 janues d'œufs ······ 60g
그래뉴당 sucre semoule ······ 80g
박력분 farine faible ······ 8g
옥수수 전분 maïzena ······ 8g
생크림(유지방 38%) crème liquide ······ 130g
곶감 마멀레이드(위 참조) marmelade au kaki ······ 200g

만드는 방법

1
냄비에 우유와 바닐라빈 씨를 넣고 끓기 직전까지 가열한다.

2
볼에 달걀노른자와 그래뉴당을 넣고 하얗게 될 때까지 섞은 후, 박력분과 옥수수 전분을 넣고 섞는다.

3
2에 1의 ½을 넣고 섞은 후, 다시 냄비에 옮겨 담고 전체를 섞는다. 중간 불로 타지 않게 실리콘주걱으로 계속 저으면서 걸쭉해질 때까지 끓인다.

4
볼에 옮겨 담고, 얼음물이 담긴 볼 위에 얹어 섞으면서 식힌다. 단단하게 거품 낸 생크림과 곶감 마멀레이드를 넣고 섞는다.

Crème glacée au thè de lotus

연잎차 아이스크림

재료 15인분

우유 lait 400g
생크림(유지방 38%) crème liquide 300g
연잎차 잎 thé 16g
달걀노른자 janues d'œufs 180g
그래뉴당 sucre semoule 60g

만드는 방법

1
냄비에 우유와 생크림을 넣고 가열한다. 끓기 시작하면 불을 끈 후 연잎차 잎을 넣고 뚜껑을 덮어 향이 우러나도록 10분 정도 그대로 놓아둔다.

2
볼에 달걀노른자와 그래뉴당을 넣고 하얗게 될 때까지 섞는다. 온도가 너무 식지 않도록 우선 1의 ½을 넣고 섞은 후, 다시 냄비에 옮겨 담고 전체를 섞으면서 83℃*까지 가열한다.

3
2를 볼에 옮겨 담은 후, 얼음물이 담긴 볼 위에 얹어 섞으면서 식힌다. 냉장고에 하룻동안 넣어둔다.

4
3을 체에 걸러 아이스크림 기계에 넣는다.

* 온도가 83℃ 이상으로 올라가면 달걀이 익으므로 주의한다.

Sauce au Kaki

감 소스

재료 만들기 적당한 분량

A │ 감 kaki ...... 120g (껍질과 씨를 제거한 것)
   │ 물 eau 20g
   │ 그래뉴당 sucre semoule 5g

코냑 cognac 4g
감(5㎜ 크기로 깍둑썰기한 것) kaki 60g

만드는 방법

1
A의 감은 껍질과 씨를 제거하고 큼직하게 썬다. 물과 그래뉴당과 함께 믹서에 갈아 부드럽게 만든다.

2
1에 코냑을 넣고 체에 거른 후, 깍둑썰기한 감을 넣고 섞는다.

[조합 + 플레이팅]

1

식힌 푀이타주 3개를 준비한다. 물결모양 깍지를 끼운 짤주머니에 연잎차 아이스크림을 담고, 첫 번째 푀이타주의 뒷면(슈거파우더를 뿌리지 않은 쪽)에 짤주머니를 앞뒤로 움직여 물결모양으로 짠다.

2

두 번째 푀이타주는 표면(슈거파우더를 뿌린 쪽)에 마멀레이드를 바른 후, 둥근 깍지를 끼운 짤주머니에 곶감 크림을 담아 직선으로 2줄을 짠다.

3

세 번째 푀이타주는 표면에 대각선으로 슈거파우더를 뿌린다.

4

접시의 중심부를 에워싸듯이 둘레에 감 소스를 뿌린다.

5

접시의 중앙에 1을 놓는다.

6

그 위에 2를 쌓고 다시 3을 올린다.

Soupe aux pommes,
glace calvados

사과 수프와 칼바도스 아이스크림

진공 조리를 한 다음날 사과껍질을 벗기면 과육은 아름다운 핑크색으로 변해 있다.
여기에 시럽을 곁들이면 전체가 핑크색으로 물든다. 이렇게 우연하게 만들어진 사과에 신선한 사과의
노란색을 조합한 「먹을 게 많은 수프」. 산뜻한 맛에 아이스크림의 진한 풍미를 더했다.

Pocher de pomme

홍옥 포셰

재료 5~6인분

시럽 sirop

    | 그래뉴당 sucre semoule 100g
    | 물 eau 100g

사과(홍옥) pommes 2개
바닐라빈(2번째 사용하는 껍질*) gousse de vanille 1개

만드는 방법

1
냄비에 시럽재료를 넣고 끓인 후, 그대로 식힌다.

2
진공팩에 1, 바닐라빈 껍질, 사과를 통째로 넣고 진공포장기로 팩 안의 공기를 뺀다.

3
90℃의 스팀 컨벡션 오븐에 넣고 사과가 부드러워질 때까지 약 20분 가열한다.

4
3을 팩째로 얼음물에 담가 식히고, 냉장고에 하룻동안 넣어 둔다.

5
사과의 껍질을 벗기고, 과육과 시럽을 다시 팩에 담는다. 이때 시럽과 신선한 사과 껍질을 적당량 넣어 색을 진하게 만든다.

6
진공포장기로 팩 안의 공기를 빼고, 다시 냉장고에 하룻동안 보관하여 시럽을 붉은색으로 만든다.

★ 한 번 사용한 바닐라빈 껍질을 건조시킨 것. 주로 향을 낼 때 사용한다.

Crème glacée au calvados

칼바도스 아이스크림

재료 10인분

우유 lait 250g
버터 beurre 33g
달걀노른자 janues d'œufs 23g
그래뉴당 sucre semoule 33g
탈지분유 poudre de lait 20g
칼바도스* calvados 30g

만드는 방법

1
냄비에 우유와 버터를 넣고 끓기 직전까지 가열한다.

2
볼에 달걀노른자와 그래뉴당을 넣고 하얗게 될 때까지 섞은 후, 탈지분유를 넣고 잘 섞는다. 우선 1의 ½을 넣고 섞은 후, 다시 냄비에 옮겨 담고 전체를 섞으면서 83℃까지 가열한다.

3
2를 체에 걸러 볼에 담고, 얼음물이 담긴 볼 위에 얹어 섞으면서 식힌다. 섞으면서 식히지 않으면 버터가 분리된다.

4
칼바도스를 섞어 아이스크림 기계에 넣는다.

★ 프랑스 노르망디 지방의 칼바도스에서 생산된 사과로 만든 브랜디이다.

Pomme râpée
곱게 간 사과

* 비타민 C 가루로 항산화작용을
한다.

재료 5~6인분

사과(홍옥) pommes 2개
레몬즙 jus de citron 30g
사과주스(과즙 100%) jus de pomme 70g
아스코르브산* acide ascorbique 3g

만드는 방법

1
사과는 껍질과 씨를 제거하고
(껍질은 따로 보관한다), 모든 재
료와 함께 믹서에 넣어 부드럽
게 간다.

Soupe aux pommes
사과 수프

재료 5~6인분

홍옥 포셰 시럽(p.18 참조) sirop ...... 전량
물 eau 80g
사과를 갈 때 보관한 껍질(위 참조) écorce de pomme ...... 2개 분량

만드는 방법

1
냄비에 모든 재료를 넣고 끓인
다.

2
볼에 옮겨 담고 얼음물이 담긴
볼 위에 얹어 식힌 후, 체에 거
른다.

Chips de pomme

사과 칩

재료 15~20인분

A | 그래뉴당 sucre semoule 50g
  | 물 eau 100g
  | 아스코르브산 acide ascorbique 3g

사과(홍옥) pommes 2개

만드는 방법

1
A를 끓여 시럽을 만든 다음 식힌다.

2
사과는 껍질째 1mm 이하의 두께로 반달모양으로 슬라이스하고, 심과 씨가 있는 부분은 잘라낸다.

3
트레이 등에 시럽을 붓고 **2**를 담가 1분 정도 그대로 둔다.

4
오븐팬에 실리콘 베이킹 매트를 깔고, 물기를 살짝 제거한 사과를 나란히 올려 70~80℃로 예열한 오븐에 건조하듯이 3시간 굽는다.

Crumble

크럼블

재료 10인분

버터 beurre 50g
슈거파우더 sucre glace 50g
아몬드파우더 amande poudre 50g
박력분 farine faible 50g

만드는 방법

1

실온에 두어 부드러워진 버터를 믹서볼에 넣고 가볍게 풀어 포마드 상태로 만든다.

2

슈거파우더, 아몬드파우더, 체에 친 박력분을 순서대로 넣고, 가루가 보이지 않을 때까지 골고루 섞는다.

3

스크레이퍼를 사용하여 덩어리로 뭉친 후, 잣 크기 정도로 떼어 베이킹시트를 깐 오븐팬에 겹치지 않게 올린다. 구울 때 부풀지 않도록 2시간 정도 그대로 건조시킨다.

4

150℃로 예열한 오븐에 15~20분 굽는다. 오븐팬을 꺼내 그대로 식히고 손으로 부순다.

[조합 + 플레이팅]

1

홍옥 포셰는 심과 씨 부분을 중심으로 좌우를 각각 3등분한다.

2

가운데의 심과 씨 부분은 5㎜ 크기로 깍둑썰기하고, 양쪽 가장자리 부분은 1㎜ 너비로 얇게 슬라이스한 후 긴 것은 반으로 자른다.

3

접시 가운데에 지름 9㎝ 세르클틀을 놓고, 그 안에 곱게 간 사과를 2㎜ 높이로 넣는다.

4

3의 세르클틀 안에 지름 6.5㎝ 세르클틀을 넣고, 가운데에 크럼블을 채운 후 가볍게 누른다.

5

그 위에 깍둑썰기한 홍옥 포셰를 깐다.

6

세르클틀 가장자리를 따라 얇게 슬라이스한 홍옥 포셰를 방사형으로 겹치게 놓고, 가운데 빈 공간에는 깍둑썰기한 사과를 담는다.

7

지름 9㎝ 세르클틀 바깥 쪽에 사과 수프를 담는다.

8

2개의 틀을 제거하고, 럭비공모양(크넬)으로 만든 칼바도스 아이스크림을 올린 후, 사과 칩을 꽂아 장식한다.

Vacherin aux agrumes

감귤류를 사용한 바슈랭

무거운 이미지의 바슈랭을 어떻게 가볍게 표현할지, 모양을 어떻게 배열할지가 테마이다.
감귤류 소르베로 상큼함을 더하고, 모양은 글리코(Glico) 사의 아이스크림 「아이스노미(アイスの実)」에서
힌트를 얻었다. 작은 동그라미들을 쌓아올리고, 그 주변에 막대모양의 머랭을 세워 놓았다.

Crème glacée à la vanille

바닐라 아이스크림

재료 15인분

우유 lait …… 120g

생크림(유지방 38%) crème liquide …… 80g

바닐라빈 gousse de vanille …… ¾개

달걀노른자 janues d'œufs …… 60g

그래뉴당 sucre semoule …… 40g

만드는 방법

1
냄비에 우유, 생크림, 바닐라빈 씨를 넣고 끓기 직전까지 가열한다.

2
볼에 달걀노른자와 그래뉴당을 넣고 하얗게 될 때까지 섞는다. 1의 ½을 넣고 섞은 후, 다시 냄비에 옮겨 담고 전체를 섞으면서 83℃까지 가열한다.

3
볼에 옮겨 담고, 얼음물이 담긴 볼 위에 얹어 섞으면서 식힌다. 냉장고에 하룻밤 넣어둔다.

4
체에 걸러 아이스크림 기계에 넣는다. 지름 4㎝ 반구형 실리콘틀에 넣어 표면을 평평하게 다듬고 냉동실에 얼려 굳힌다.

Sorbet au pomelos

자몽 소르베

재료 20인분

물 eau …… 70g

그래뉴당 sucre semoule …… 80g

물엿 glucose …… 30g

자몽주스 jus de pomelos …… 280g

자몽 제스트 zeste de pomelos râpé …… ½개 분량

만드는 방법

1
냄비에 물, 그래뉴당, 물엿을 넣고 섞으면서 끓인다. 볼에 옮겨 담고, 얼음물이 담긴 볼 위에 얹어 섞으면서 식힌다.

2
자몽주스와 자몽 제스트를 섞어 아이스크림 기계에 넣는다.

3
지름 4㎝ 반구형 실리콘틀에 넣고 표면을 평평하게 다듬은 후, 냉동실에 얼려 굳힌다.

Sorbet à l'orange sanguine

블러드오렌지 소르베

재료 30인분

물 eau …… 50g

그래뉴당 sucre semoule …… 100g

물엿 glucose …… 25g

블러드오렌지주스 jus d'orange sanguine …… 500g

블러드오렌지 제스트 zeste d'orange sanguine râpé …… ½개 분량

만드는 방법

1
냄비에 물, 그래뉴당, 물엿을 넣고 섞으면서 끓인다. 볼에 옮겨 담고, 얼음물이 담긴 볼 위에 얹어 섞으면서 식힌다.

2
블러드오렌지주스와 블러드오렌지 제스트를 섞어 아이스크림 기계에 넣는다.

3
지름 4㎝ 반구형 실리콘틀에 넣고 표면을 평평하게 다듬은 후, 냉동실에 얼려 굳힌다.

Marmelade d'agrumes

감귤류 마멀레이드

재료 15인분

A | 오렌지 oranges 75g
| 자몽 카르티에 quartiers de pomelos 150g
| 오렌지 카르티에 quartiers d'orange 100g
| 그래뉴당 sucre semoule 38g
| 레몬즙 jus de citron 38g
펙틴 NH pectine NH 3g
그래뉴당 sucre semoule 10g

만드는 방법

1
A의 오렌지를 뜨거운 물에 통째로 데쳐 5mm 크기로 깍둑썰기한다.

2
냄비에 1과 A의 나머지 재료를 넣고 수분이 없어질 때까지 가열한다.

3
펙틴과 그래뉴당을 잘 섞은 후, 2에 넣고 섞는다. 한소끔 끓으면 불을 끄고 식힌다.

Meringues

머랭

재료 40~50인분

달걀흰자 blancs d'œufs 80g
그래뉴당 sucre semoule 80g
슈거파우더 sucre glace 80g

만드는 방법

1
믹서볼에 달걀흰자를 넣고 80% 정도 거품을 낸다. 그래뉴당을 2~3번 나누어 넣고, 뿔이 뾰족하게 설 정도로 거품을 낸다. 표면은 윤기 없이 거친 상태이다.

2
체에 친 슈거파우더를 넣어가며 실리콘주걱으로 재빨리 섞는다. 슈거파우더를 넣으면 머랭의 결이 고와지고 잘 풀어지지 않는다.

3
둥근 깍지를 끼운 짤주머니에 2의 머랭을 담는다. 베이킹시트를 깐 오븐팬에 가로로 길게 일직선으로 짠다.

4
70℃로 예열한 오븐에 3시간 건조하듯이 굽고, 오븐팬을 꺼내 그대로 식힌다. 머랭이 눅눅해지면 70℃의 오븐에 데워도 좋다.

Crème chantilly

크렘 샹티이

재료 만들기 적당한 분량

생크림(유지방 38%) crème liquide 150g

그래뉴당 crème liquide 15g

만드는 방법

1
생크림에 그래뉴당을 넣고
90% 정도 거품을 낸다.*

* 조금 단단하게 거품을 내면 짤주
  머니로 짤 때 깍지모양이 깔끔하
  게 만들어진다.

[조합 + 플레이팅]

재료 마무리용

오렌지 카르티에
        quartiers d'orange ...... 적당량

오렌지 칩 chips d'orange ...... 적당량

오렌지 소스* sauce d'orange ...... 적당량

* 오렌지 카르티에를 가늘게 잘라
  오렌지 과즙과 섞는다.

1

접시 가운데에 지름 8㎝ 세크를틀을 놓고,
그 안에 감귤류 마멀레이드를 2~3㎜ 높이로
담는다. 틀을 제거하고, 그 위에 바닐라 아이
스크림, 자몽 소르베, 블러드오렌지 소르베
를 1개씩 올린다.

2

별모양 깍지를 끼운 짤주머니에 샹티이를 담
고 가운데에 짠다.

3

오렌지 카르티에로 장식한다.

4

바닐라 아이스크림, 자몽 소르베, 블러드오
렌지 소르베를 1개씩 올린다. 옆면의 빈 곳
과 맨 위에 샹티이를 짠다.

5

머랭을 6~7㎝ 길이로 잘라 **4**의 옆면에 6개
정도 세운다. 맨 위에 오렌지 칩을 장식한다.
둘레에 오렌지 소스를 뿌려 장식한다.

Nougat glacé au thé d'hybiscus

과일을 곁들인
하이비스커스 누가글라세

「봄과 여름의 웨딩 디저트는 붉은색으로」라는
요청을 받고 만들었다. 일본의 여름철에는 빨간색 과일이
별로 없어서 하이비스커스 찻잎을 갈아서 사용하였다.
핑크색으로 물든 누가글라세 군데군데 붉은 빛이 번져
예쁘게 완성되었다.

Nougat glacé
누가글라세

재 료 10~12인분(지름 6.5×높이 2.5㎝ 타르트링)

잘게 다진 아몬드(살짝 구운 것) amandes hachées 112g

A │ 그래뉴당 sucre semoule 125g
　│ 물 eau 40g

B │ 피스타치오(살짝 구운 것) pistaches 35g
　│ 건조 살구 abricots sec 30g
　│ 오렌지필 orange confites 20g
　│ 건조 과일 믹스 mix fruits confites 45g

하이비스커스 찻잎(건조) hibiscus thé sec 15g

생크림(유지방 38%) crème liquide 500g

이탈리안 머랭 meringue italienne
　　달걀흰자 blancs d'œufs 63g

C │ 그래뉴당 sucre semoule 75g
　│ 물엿 glucose 20g
　│ 물 eau ...... 조금

만드는 방법

1

B를 다진 아몬드의 크기에 맞춰 잘게 다진다. 하이비스커스는 분쇄기로 곱게 간다.

2

냄비에 A를 넣고 중간 불로 120℃까지 가열한 후, 다진 아몬드를 넣는다. 섞어서 하얗게 코팅한 후, 그대로 옅은 갈색이 될 때까지 가열한다.

3

베이킹시트 위에 **2**를 넓게 펼쳐 식힌 후, 손으로 곱게 부순다. B를 넣고 손으로 섞는다.

4

생크림을 70% 정도 거품을 낸다. 너무 단단하면 식감이 좋지 않기 때문에 부드럽게 거품을 낸다.

5

이탈리안 머랭 만들기. 믹서볼에 달걀흰자를 거품 낸다. 냄비에 C를 넣고 가열하여 118℃가 되면 볼 가장자리의 달걀흰자에 조금씩 흘려 넣으면서 식을 때까지 섞는다. 트레이에 넓게 펼쳐 냉동실에 식힌다.

6

식힌 이탈리안 머랭과 생크림을 합친 후, 실리콘주걱으로 자르듯이 섞는다.

7

6에 나머지 재료를 모두 넣고 섞는다. 트레이에 베이킹시트를 깔고 지름 6.5×높이 2.5㎝ 타르트링을 나란히 올린 후, 그 안을 채우고 표면을 평평하게 다듬는다.

8

위에 또 다른 베이킹시트를 덮고 냉동실에 얼린다.

Gelée de citron vert
라임 젤리

재료 10~12인분

시럽 sirop
  | 그래뉴당 sucre semoule 90g
  | 물 eau 75g
판젤라틴 gélatine en feuilles 9g
라임 퓌레 pulpe de citron vert 80g
화이트와인 vin blanc 20g

만드는 방법

1
판젤라틴을 얼음물에 담가 부드럽게 불린다.

2
냄비에 시럽재료를 넣고 끓인다. 물기를 제거한 판젤라틴을 넣어 녹인 후, 실온에서 식힌다.

3
라임 퓌레와 화이트와인을 넣고 틀에 부어 굳힌다.

4
굳은 젤리는 1㎝ 크기로 깍둑썰기한다.

Sauce à la framboise
라즈베리 소스

재료 만들기 적당한 분량

라즈베리 퓌레 pulpe de framboise 250g
시럽(그래뉴당과 물을 1:1로 끓여 식힌 것) sirop 25g

만드는 방법

1
라즈베리 퓌레와 시럽을 잘 섞는다.

[조합 + 플레이팅]

재료 마무리용

과일(베리류, 오렌지 등) fruits ...... 적당량

화이트초콜릿(작은 판모양, 막대모양) couverture blanc ...... 적당량

금박 feuille d'or ...... 적당량

1

접시 가운데에 지름 6.5㎝ 세르클틀을 올리고 그 안에 라즈베리 소스를 담는다.

2

세르클틀을 제거하고, 소스 위에 마무리용 과일을 보기 좋게 배치한다.

3

라임 젤리를 흩뿌리고, 금박을 올린다.

4

판모양 화이트초콜릿을 잘라 군데군데 꽂고, 틀에서 분리하여 반으로 자른 누가글라세를 양쪽에 놓는다. 막대모양의 화이트초콜릿으로 장식한다.

Fleurir de sakura et fraises

벚꽃과 딸기의 하모니

벚나무의 꽃과 잎, 딸기가 어우러진 봄이 담긴 디저트.
가장 마음에 드는 건 벚꽃향과 프로마주 블랑의 신맛을 조합한 소르베.
상큼함이 풍미가 진한 바바루아와 잘 어울린다.
광택을 내기 위해 나파주(Nappage)를 사용하는 대신에
맛이 돋보이도록 마멀레이드를 사용하였다.

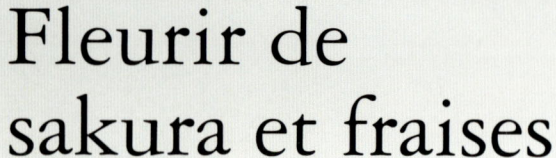

Dacquoises aux amandes
아몬드 다쿠아즈

재 료 지름 6.5×높이 2.5㎝ 세르클틀 10개 분량

달걀흰자 blancs d'œufs 56g
그래뉴당 sucre semoule 19g
아몬드파우더 amande poudre 50g
슈거파우더 sucre glace 50g
박력분 farine faible 25g

만드는 방법

1	2	3	4

머랭을 만든다. 믹서에 달걀흰자를 넣고 돌리다가 그래뉴당을 넣고 뿔이 뾰족하게 설 정도로 거품을 낸다.	1에 혼합한 가루 재료를 2~3번 나누어 넣고 섞는다. 거품이 무너지기 쉬우므로 실리콘주걱으로 자르듯이 재빨리 섞는다.	둥근 깍지를 끼운 짤주머니에 2의 머랭을 담는다. 베이킹시트를 깐 오븐팬에 지름 6.5×높이 2.5㎝ 세르클틀을 나란히 올리고, 절반보다 조금 낮게 머랭을 짜 넣는다.	160℃로 예열한 오븐에 15분 굽는다. 오븐에서 꺼내 머랭을 뒤집지 않고 세르클틀에 붙어 있는 가장자리를 스푼으로 눌러 떼어낸다. 틀째로 식힌다.

Sorbet au sakura et fromage blanc
벚꽃, 프로마주 블랑 소르베

재 료 9~10인분

A │ 물 eau 140g
  │ 물엿 glucose 23g
  │ 그래뉴당 sucre semoule 60g
  │ 벚꽃(소금을 제거한 것)
  │   fleur de sakura 10g

프로마주 블랑(유지방 40%)
  fromage blanc 100g
레몬즙 jus de citron 15g
꿀 miel 12g
벚꽃 리큐어 liqueur de sakura 10g

만드는 방법

1
냄비에 A를 넣고 섞으면서 70℃로 가열한다. 볼에 옮겨 담고, 얼음물이 담긴 볼 위에 얹어 식힌다.

2
다른 볼에 나머지 재료를 모두 넣고 섞다가 1을 넣는다. 아이스크림 기계에 넣는다.

Bavaroise de sakura

벚꽃 바바루아

재료 15인분

우유   lait 80g

연유   lait concentré sucré 21g

달걀노른자   janues d'œufs 18g

판젤라틴   gélatine en feuilles 2.5g

벚나무 잎(냉동·줄기를 제거한 것)   feuilles de sakura 8g

벚꽃 리큐어   liqueur de sakura 10g

생크림(유지방 38%)   crème liquide 125g

만드는 방법

1

냄비에 우유를 넣고 끓기 직전까지 가열한다.

2

볼에 달걀노른자와 연유를 넣고 섞는다.

3

2에 데운 우유를 조금씩 넣어가며 섞은 후, 냄비에 옮겨 담고 83℃까지 가열한다. 온도가 그 이상이 되면 달걀이 익으므로 주의한다.

4

판젤라틴을 얼음물에 불려 물기를 제거하고 3에 넣어 녹인다. 체에 걸러 볼에 넣은 후, 얼음물이 담긴 볼 위에 얹어 실온에서 식힌다.

5

물로 가볍게 헹궈 줄기를 제거한 벚나무 잎과 벚꽃 리큐어를 4에 넣고 녹색이 될 때까지 핸드블렌더로 간다.*

6

70% 정도 거품 낸 생크림을 5에 2~3번 나누어 넣고 거품기로 재빨리 섞는다.

7

짤주머니에 담아 차가운 다쿠아즈 위에 가득 짠다. 가볍게 흔들어 표면을 평평하게 다듬고, 냉동실에 얼려 굳힌다.

★ 핸드블렌더를 사용하면 온도가 올라가기 때문에 식히면서 하는 것이 좋다.

Marmelade à la fraise
딸기 마멀레이드

재료 만들기 적당한 분량

딸기 fraises 250g
그래뉴당 sucre semoule 30g
레몬즙 jus de citron 10g

그래뉴당 sucre semoule 5g
펙틴 NH pectine NH 3g

만드는 방법

1
냄비에 꼭지를 뗀 딸기, 그래뉴당, 레몬즙을 넣고 딸기가 부드러워질 때까지 끓인다.

2
그래뉴당과 펙틴을 섞은 후, 1에 넣어 섞는다.

3
핸드블렌더로 갈아 한소끔 끓인 후, 불을 끄고 식힌다.

[조합 + 플레이팅]

재료 마무리용

딸기 fraises ...... 적당량
화이트초콜릿(막대모양, 링모양)
　　couverture blanc ...... 적당량
벚꽃(소금절임한 것을 씻어 건조한 것)
　　fleur de sakura ...... 적당량

1

아몬드 다쿠아즈에 벚꽃 바바루아를 얹은 것 위에 딸기 마멀레이드를 얇게 펴 바른 후 세르클틀을 제거한다.

2

마무리용 딸기는 꼭지를 떼고 4등분하여 1 위에 방사형으로 나란히 올린다. 가운데에 잘게 자른 딸기를 올린다.

3

2 위에 링모양 화이트초콜릿을 올리고 접시에 담는다. 마멀레이드에 물을 섞어 묽은 소스를 만들어 스푼으로 둘레를 장식한다.

4

소르베를 럭비공모양(크넬)으로 만들어 3 위에 올리고, 막대모양 화이트초콜릿과 벚꽃을 올려 장식한다.

Tarte fraise et
sa glace napolitaine

나폴리 아이스크림을 곁들인
딸기 타르트

일반적인 딸기 타르트에 걸쭉한 사바용을 얹었다. 식감과 맛의 차이가 입 안에서 조화를 이룬다.

나폴리 아이스크림은 2~3가지 서로 다른 맛이 층을 이룬 아이스크림이다.

아이스크림과 마멀레이드를 번갈아 올려 층을 만든 후, 럭비공모양(크넬)으로 만들어 곁들였다.

Pâte sablée aux amandes

아몬드 사블레 반죽

재료 15인분

마지팬 로마세	pâte d'amande crue	...... 96g	박력분 farine faible	...... 56g
그래뉴당	sucre semoule	...... 10g	강력분 farine forte	...... 56g
버터	beurre	...... 96g		

만드는 방법

1

믹서볼에 마지팬 로마세를 넣고 그래뉴당을 추가하면서 잘 섞는다(아몬드파우더와 설탕을 배합해 만든 마지팬 로마세는 다른 재료와 잘 섞이지 않으므로 이 단계에서 먼저 섞는다).

2

실온에서 부드러워진 버터를 **1**에 넣고 매끄러워질 때까지 섞은 후, 체에 친 가루 재료를 섞는다. 반죽을 덩어리로 뭉쳐 비닐랩으로 감싸 냉장고에 1시간 정도 넣어둔다.

3

베이킹시트 2장 사이에 **2**의 반죽을 넣고 밀대를 사용하여 2~3㎜ 두께로 민다. 지름 6.5㎝ 세르클틀로 동그라미 15개를 찍어낸다.

4

지름 6.5㎝ 타르트링 안쪽에 버터(분량 외)를 바르고 베이킹시트를 깐 오븐팬에 나란히 올린다. 링 안에 **3**의 반죽을 넣고 160℃로 예열한 오븐에 10분 굽는다. 뜨거울 때 틀을 제거하고 식힌다.

Sauce à la fraise

딸기 소스

재료 만들기 적당한 분량

딸기(냉동·통째)	fraises	...... 250g	그래뉴당 sucre semoule	...... 12g
그래뉴당	sucre semoule	...... 38g	펙틴 NH pectine NH	...... 1g
레몬즙	jus de citron	...... 15g		

만드는 방법

1

진공팩에 딸기, 그래뉴당, 레몬즙을 넣고 진공포장기로 팩 속 공기를 뺀다.

2

90℃의 스팀 컨벡션 오븐에 넣어 딸기에서 과즙이 나올 때까지 20분 가열한다.*

3

2의 딸기가 뭉개지지 않도록 조심하면서 냄비에 과즙을 따라내고 끓인다.

4

그래뉴당과 펙틴을 혼합하여 **3**에 넣고 섞는다. 한소끔 끓인 후 불을 끄고 식힌다.

* 또는 냄비에 물을 끓여 팩을 넣은 후, 약한 불로 끓기 직전(80~90℃) 상태를 유지하면서 과즙이 나올 때까지 그대로 둔다.

Crème glacée Napolitaine
나폴리 아이스크림

재료 15인분

딸기 아이스크림 crème glacée à la fraise
- 우유 lait 250g
- 생크림(유지방 38%) crème liquide 50g
- 물엿 glucose 8g

달걀노른자 janues d'œufs 20g
그래뉴당 sucre semoule 50g
크림치즈 cream cheese 50g
딸기 퓌레 pulpe de fraise 100g
딸기 마멀레이드(p.37 참조) marmelade à la fraise ...... 적당량

만드는 방법

1
딸기 아이스크림을 만든다. 냄비에 우유, 생크림, 물엿을 넣고 끓기 직전까지 가열한다.

2
볼에 달걀노른자와 그래뉴당을 넣고 하얘질 때까지 섞는다. 우선 1의 ½을 넣고 섞은 후, 다시 냄비에 옮겨 담고 전체를 섞으면서 83℃까지 가열한다.

3
2를 체에 걸러 볼에 담고 크림치즈를 골고루 섞은 후, 딸기 퓌레를 넣는다. 얼음물이 담긴 볼 위에 얹어 식힌 후, 아이스크림 기계에 넣는다.

4
트레이 또는 볼을 냉장고에서 차게 한 후, 딸기 아이스크림을 옮겨 담는다. 이때 사이에 딸기 마멀레이드를 올려 3층을 만든다. 냉동실에 보관한다.

Sabayon au kirsch
키르슈 사바용

★ 체리와 체리 씨를 원료로 만든 무색 투명한 증류주.

재료 10인분

달걀노른자 janues d'œufs 60g
시럽(그래뉴당과 물을 1:1로 끓여 식힌 것) sirop 40g
키르슈★ kirsch 15g

만드는 방법

1
볼에 모든 재료를 넣고 약한 불에 중탕하면서 거품기로 저어 거품을 낸다. 60℃ 정도까지 가열한 후, 반죽이 걸쭉해지고 묵직해지면 불에서 내린다.

2
믹서(또는 핸드블렌더)에 돌려 식힌다.

Marmelade à la fraise
딸기 마멀레이드

재료 15인분

딸기(냉동·통째) fraises 250g
그래뉴당 sucre semoule 25g
버터 beurre 10g

만드는 방법

1
냄비에 모든 재료를 넣고 콩포트 상태로 조린다.

[조합 + 플레이팅]

재료 마무리용

딸기* fraises ...... 1인당 중간 크기 1.5~2개
슈거파우더 sucre glace ...... 적당량

* 딸기는 꼭지를 떼고 4등분한다.

1
아몬드 사블레에 0.5cm를 남기고 딸기 마멀레이드를 바른다. 마멀레이드가 사블레에 스며들지 않게 마무리 직전에 작업한다.

2
딸기를 사블레 둘레에 얹는다. 짤주머니에 키르슈 사바용을 담아 딸기 안쪽에 짠다.

3
슈거파우더를 체에 치면서 뿌리고 토치로 가볍게 그을린 후, 다시 슈거파우더를 조금 뿌린다. 살짝 그을릴 때 딸기가 너무 타지 않도록 주의한다.

4
접시에 딸기 소스로 선을 그리고, 아이스크림 고정용으로 아몬드 사블레를 조금 부수어 놓는다. 3을 놓을 위치에 딸기 마멀레이드 1작은술을 올린다.

5
각각의 위치에 3과 럭비공모양(크넬)의 나폴리 아이스크림을 올린다.

Crousti-fondant aux agrumes et sirop d'érable

감귤류와 메이플시럽으로 맛을 낸
크러스티 퐁당

〈제32회 프랑스 디저트 선수권 프로페셔널 부문〉에서 우승한 작품.
캐나다를 여행할 때, 요리에 단맛을 더하기 위해 메이플시럽을 사용하는 것에서
힌트를 얻었다. 메이플의 맛에 가려지지 않게 감귤류를 사용했으며,
다양한 구성요소를 조합한 복합 구성이다.

Sablé au sirop d'érable

메이플시럽 사블레

재료 10~12개 분량(지름 6.5×높이 2.5㎝ 타르트링)

버터   beurre 63g
소금   sel 1g
메이플시럽(앰버 타입)*   sirop d'érable(ambré) 88g
아몬드파우더   amande poudre 50g
박력분   farine faible 63g
강력분   farine forte 63g

★ 수확 시기가 늦어 수액이 농축되기 때문에 풍미가 진하다.

만드는 방법

1	2	3	4

실온에서 부드러워진 버터와 소금을 믹서볼에 넣고 가볍게 섞어 크리미한 포마드 상태로 만든다. 메이플시럽을 넣고 골고루 섞는다.	아몬드파우더, 체에 친 박력분과 강력분을 넣고 골고루 섞는다. 반죽을 뭉쳐 비닐랩으로 감싸 냉장고에 1시간 정도 휴지시킨다.	베이킹시트 2장 사이에 2의 반죽을 넣고 밀대를 사용하여 2㎜ 두께로 민다.	지름 4㎝와 5.5㎝ 원형틀로 각각 15개씩 찍어 베이킹시트를 깐 오븐팬에 나열한다. 150℃로 예열한 오븐에 15분 구워 식힌다.

Marmelade d'agrumes

감귤류 마멀레이드

재료 20인분

귤, 오렌지, 한라봉 등의 감귤류 카르티에   quartiers d'agrumes 500g
그래뉴당   sucre semoule 24g
펙틴 NH   pectine NH 4g

만드는 방법

1
냄비에 감귤류 카르티에를 넣고 가열한다. 전체 분량이 300g이 되도록 졸인다.

2
그래뉴당과 펙틴을 잘 섞은 후, 1에 넣으면서 섞는다. 한소끔 끓인 후 불을 끄고 식힌다.

Mirliton à la clémentine
감귤 미를리통

재료 가로 12×세로 6×높이 3㎝ 무스틀 12개 분량

A │ 달걀 œufs 100g
　│ 달걀노른자 janues d'œufs 40g
　│ 그래뉴당 sucre semoule 100g
　│ 바닐라빈 gousse de vanille ...... ½개
　│ 감귤 제스트 ...... 1개 분량
아몬드파우더 amande poudre 95g
옥수수 전분 maïzena 10g

만드는 방법

| 1 | 2 | 3 | 4 |

1
볼에 A를 넣고 거품기로 잘 섞는다.

2
1에 아몬드파우더와 옥수수 전분을 넣고 다시 섞는다.

3
40×30㎝ 오븐팬에 베이킹시트를 깔고, 2를 3㎜ 높이로 붓고 평평하게 다듬는다.

4
170℃로 예열한 오븐에 10분 굽는다. 식으면 가로 12×세로 6×높이 3㎝ 무스틀로 찍는다.

Parfait de cream cheese
크림치즈 파르페

재료 가로 12×세로 6×높이 3㎝ 무스틀 6개 분량

크림치즈 cream cheese 125g
감귤 제스트 zeste de clémentine râpé ...... ½개 분량
생크림(유지방 38%) crème liquide 38% 100g
달걀노른자 janues d'œufs 63g
그래뉴당 sucre semoule 45g

만드는 방법

1

실온에서 부드러워진 크림치즈와 감귤 제스트를 볼에 넣고 잘 섞는다.

2

생크림은 70% 정도로 거품을 낸다.

3

믹서볼에 달걀노른자와 그래뉴당을 넣고, 들었을 때 리본모양으로 떨어질 정도로 섞는다. 이 정도로 섞지 않으면 설탕이 녹지 않는다.

4

1의 볼에 3을 넣고 섞는다. 2를 2~3번 나누어 넣고 거품이 꺼지지 않도록 실리콘주걱으로 자르듯이 재빨리 섞는다.

5

감귤 미를리통에 4를 붓는다.

6

스푼으로 표면을 다듬고, 냉동실에 얼려 굳힌다.

Crème glacée au sirop d'érable
메이플시럽 아이스크림

재료 가로 12×세로 6×높이 3㎝ 무스틀 6개 분량

메이플시럽(앰버 타입)
    sirop d'érable(ambré) 100g
우유 lait 250g
생크림(유지방 38%) crème liquide 30g
버터 beurre 18g

달걀노른자 janues d'œufs 90g
탈지분유 poudre de lait 35g

만드는 방법

1
냄비에 메이플시럽을 넣고 105℃까지 가열한다.

2
1에 나머지 재료를 순서대로 넣고 섞는다. 볼에 옮겨 담고 중탕으로 83℃까지 데운다.

3
얼음물이 담긴 볼 위에 얹어 식힌 다음, 아이스크림 기계에 넣는다.

4
완성된 아이스크림을 단단하게 굳은 크림치즈 파르페 위에 약 1㎝ 높이로 붓고, 다시 냉동실에 얼려 굳힌다.

Chiboust de mandarines

만다린 시부스트

재료 30개 분량

만다린[*] 퓌레 purée de mandarines 250g

오렌지 제스트 zeste d'orange râpé ...... ½개 분량

달걀노른자 janues d'œufs 90g

그래뉴당 sucre semoule 25g

옥수수 전분 maïzena 13g

달걀흰자 blancs d'œufs 130g

그래뉴당 sucre semoule 50g

[*] 만다린계 귤의 총칭으로 만다린 오렌지라고도 한다.

만드는 방법

1

냄비에 만다린 퓌레를 넣고 가열하여 125g이 되도록 졸인다. 오렌지 제스트를 넣고 섞는다.

2

볼에 달걀노른자와 그래뉴당을 넣고 하얗게 될 때까지 섞은 후, 옥수수 전분을 넣고 잘 섞는다.

3

2에 1의 ½을 넣고 섞은 후, 다시 냄비에 옮겨 담고 전체를 섞는다.

4

중간 불에서 타지 않도록 실리콘주걱으로 계속 저으면서 걸쭉해질 때까지 가열한다.

5

달걀흰자와 그래뉴당으로 머랭을 만든다.

6

4가 따뜻할 때 머랭을 2~3번 나누어 넣고 재빨리 섞는다.

7

6을 짤주머니에 담아 지름 4㎝ 반구형 실리콘틀에 짠다. 틀을 바닥에 여러 번 쳐서 표면을 평평하게 다듬고 냉동실에 얼려서 굳힌다.

8

7을 지름 4㎝의 메이플시럽 사블레 위에 올리고, 200℃의 오븐에 2~3분 굽는다.

[조합 + 플레이팅]

재료 마무리용

튀일*¹ tuiles ...... 적당량
감귤류 카르티에*² quartiers d'agrumes ...... 적당량
감귤류 마멀레이드 marmelade d'agrumes ...... 적당량
만다린 퓌레 purée de mandarines ...... 적당량
슈거파우더 sucre glace ...... 적당량
감귤류 콩피 confit d'agrumes ...... 적당량

*¹ 실리콘 베이킹 매트를 깐 오븐팬 위에 감귤류 마멀레이드를 1㎜ 이하로 얇게 편다. 100℃로 예열한 오븐에 2시간 굽는다. 실리콘 베이킹 매트를 분리하고, 따뜻할 때 밑변 5×높이 8㎝ 크기의 이등변삼각형으로 자른다. 지름 6.5㎝ 세르클틀 옆면에 감아 구부린 후, 굳으면 틀에서 분리한다. 감기 전에 굳으면 다시 오븐에 따뜻하게 데운다.

*² 수분이 많은 마멀레이드와 섞이면 형태가 남지 않으므로, 타지 않을 정도인 140℃로 예열한 오븐에 15분간 구워 수분을 날린다.

1

마무리용 감귤류 카르티에와 감귤류 마멀레이드를 섞는다.

2

지름 6㎝ 원형틀에 같은 크기의 메이플시럽 사블레를 넣고*, 1을 1㎝ 높이로 얹은 후 틀을 분리한다.

3

남은 감귤류 마멀레이드 적당량에 마무리용 만다린 퓌레 적당량을 섞어 접시 중앙에 감싸듯이 직선을 그린다.

4

미를리통, 파르페, 메이플시럽 아이스크림 쌓은 것을 6×6㎝ 크기로 잘라 접시 가운데에 놓는다.

5

2와 튀일을 올린다.

6

만다린 시부스트를 올리고 슈거파우더를 뿌린다. 감귤류 콩피를 7㎜ 크기로 깍둑썰기 하여 맨 위에 장식한다.

* 5.5㎝ 크기로 찍어낸 사블레를 구우면 약 6㎝가 된다.

Confit de fruit

과일 콩피

레스토랑의 마지막 코스인 한 입에 먹는 프티프루 디저트.
며칠 동안 시럽에 재워 단맛이 속까지 스며들게 하는 것이 포인트.
사과는 영양이 풍부한 꽃사과를 사용한다.
콩피는 다른 디저트를 장식할 때도 사용하므로 미리 만들어두면 편하다.

Confit de petites pommes
꽃사과 콩피

재료 만들기 적당한 분량

A | 물 eau 200g
  | 그래뉴당 sucre semoule 200g
  | 바닐라빈(2번째 사용하는 껍질) gousse de vanille ...... ½개
꽃사과 petites pommes ...... 12~15개
그래뉴당 sucre semoule ...... 450g(150g×3회)

만드는 방법

1
A로 시럽을 만든 다음 차게 식힌다.

2
진공팩에 꽃사과(통째)와 1의 시럽을 넣고, 진공포장기로 팩 속 공기를 뺀다.

3
스팀 컨벡션 오븐에 넣고 80℃로 10~15분 가열한다. 꽃사과가 익으면 팩째 식혀 냉장고에 하룻밤 넣어둔다.

4
팩에서 꽃사과를 꺼내 껍질을 벗긴다.

5
팩에 남은 시럽을 냄비에 넣어 끓이고, 그래뉴당 150g을 넣는다. 다시 끓으면 불을 끈 후 꽃사과를 넣고, 뚜껑을 덮어 약한 불로 끓기 직전까지 가열한다. 단맛이 배도록 실온에 하룻동안 둔다.

6
5를 2번 반복한다.

Confit de Iyokan
이요칸 콩피

* 만다린과 모양이 비슷한 일본 감귤류. 크고 맛이 달다.

재료 만들기 적당한 분량

이요칸[伊予柑]* Iyokan ...... 5~6개
시럽 sirop
  | 물 eau 500g
  | 그래뉴당 sucre semoule 500g
그래뉴당 sucre semoule ...... 800g(200g×4회)

만드는 방법

1
이요칸을 2번 데친 후 4등분으로 자른다.

2
냄비에 시럽재료를 넣고 가열하다가 이요칸을 넣는다. 뚜껑을 덮고 약한 불로 끓기 직전까지 가열한다. 불을 끄고 실온에 하룻동안 둔다.

3
이요칸을 꺼내고 시럽을 가열한다. 끓기 시작하면 그래뉴당 200g을 넣는다. 다시 끓으면 불을 끄고 이요칸을 넣어 끓기 직전까지 가열한다. 불을 끄고 실온에 하룻동안 둔다.

4
3을 3번 반복한다.

Comme le chocolat chaud
à l'orange

오렌지 쇼콜라쇼

겨울철 따뜻한 쇼콜라쇼를 케이크와 함께 먹으면 맛있을 것 같아 생각해낸 디저트.
원래는 포레누아르*를 따뜻하게 만들고 싶어서 생각해낸 것이다.
모든 과정이 수작업이며, 재빨리 만들 수 있는 간단한 레시피라서 매력적이다.

* Foret Noir, 초콜릿 케이크와 생크림, 체리를 층층이 쌓고 초콜릿 셰이빙과 체리로 장식한 케이크.

Cake au chocolat
초콜릿 케이크

재료 5~6인분(지름 6.5㎝ 타르트링 5~6개 분량)

버터 beurre ⋯⋯ 55g

그래뉴당 sucre semoule ⋯⋯ 40g

달걀 œufs ⋯⋯ 55g

아몬드파우더 amande poudre ⋯⋯ 20g

박력분 farine faible ⋯⋯ 25g

카카오파우더 cacao en poudre ⋯⋯ 25g

우유 lait ⋯⋯ 10g

달걀흰자 blancs d'œufs ⋯⋯ 60g

그래뉴당 sucre semoule ⋯⋯ 24g

만드는 방법

1

박력분과 카카오파우더를 섞어 체에 친다.

2

실온에서 부드러워진 버터를 거품기로 풀어 포마드 상태로 만든 후, 그래뉴당을 넣고 골고루 섞는다. 달걀, 아몬드파우더, 우유, 1의 순서로 넣고 계속 섞는다.

3

머랭을 만든다. 달걀흰자를 60% 정도 거품 낸 후, 그래뉴당을 넣고 90% 정도 거품을 낸다. 그 이상 거품을 내면 반죽과 잘 섞이지 않고 푸석해지므로 주의한다.

4

2의 가운데에 3의 머랭을 조금씩 넣으면서 섞다가 나머지 머랭을 2~3번 나누어 넣고 실리콘주걱으로 자르듯이 재빨리 섞는다.

5

베이킹시트를 깐 오븐팬에 지름 6.5㎝ 타르트링을 올리고, 4의 반죽을 짤주머니에 담아 바깥쪽에서 안쪽으로 소용돌이모양으로 짜 넣는다.

6

180℃로 예열한 오븐에 10분 굽는다.

7

한 김 식히고 타르트링을 분리한다.

Crème glacée à l'orange

오렌지 아이스크림

재료 5~6인분

A | 오렌즈주스(100%) jus d'orange 100g
　 | 감귤 카르티에 quartiers de clémentine 50g
　 | 오렌지 제스트 zeste d'orange râpé ...... ⅓개 분량

달걀노른자 janues d'œufs 50g

그래뉴당 sucre semoule 18g

우유 lait 45g

만드는 방법

1

냄비에 A를 넣고 핸드블렌더로 간 후, 끓기 직전까지 가열한다.

2

볼에 달걀노른자와 그래뉴당을 넣고 하얗게 될 때까지 섞은 후, 우유를 섞어 체에 거른다.

3

2에 1의 ½을 넣고 섞은 후, 다시 냄비에 옮겨 담고 전체를 섞으면서 83℃까지 가열한다. 온도가 그 이상이 되면 달걀이 익으므로 주의한다.

4

볼에 옮겨 담고, 얼음물이 담긴 볼 위에 얹어 식힌다. 아이스크림 기계에 넣는다.

Marmelade à l'orange

오렌지 마멀레이드

재료 5~6인분

오렌지 oranges 1개

그래뉴당 sucre semoule 25g

레몬즙 jus de citron 25g

오렌지주스(100%) jus d'orange 50g

펙틴 NH pectine NH 2g

그래뉴당 sucre semoule 4g

만드는 방법

1

오렌지는 통째로 데쳐 5㎜ 크기로 깍둑썰기한다.

2

냄비에 1, 그래뉴당, 레몬즙, 오렌지주스를 넣고 수분이 거의 없어질 때까지 끓인다.

3

펙틴과 그래뉴당을 잘 섞어 2에 넣고 섞는다.

4

한소끔 끓으면 불을 끄고 식힌다.

Tuiles d'orange

오렌지 튀일

재료 20인분

오렌지주스(100%) jus d'orange ······ 20g

레몬즙 jus de citron ······ 14g

그래뉴당 sucre semoule ······ 66g

박력분 farine faible ······ 20g

녹인 버터 beurre fondu ······ 42g

만드는 방법

1

볼에 오렌지주스, 레몬즙, 그래뉴당을 넣고 거품기로 골고루 섞는다. 체에 친 박력분과 녹인 버터를 넣고 골고루 섞는다.

2

1을 베이킹시트 위에 팔레트나이프로 넓게 펴 발라 얇은 막을 만든다. 가장자리부터 타기 때문에 가장자리를 깔끔하게 잘라내 직사각형을 만든다.

3

2를 오븐팬에 올리고 170℃로 예열한 오븐에 옅은 갈색이 되도록 10분 굽는다. 한 김 식으면 뒤집어서 베이킹시트를 분리한다. 뜨거울 때 1.5×11㎝ 크기의 직사각형으로 자른다.

4

3을 오븐에 살짝 데워 부드럽게 만든 후, 지름 5㎜의 젓가락에 돌돌 말아 가늘고 긴 원통모양을 만든다. 굳으면 젓가락을 뺀다.

Ecorce d'orange confite

오렌지껍질 콩피

재료 10인분

오렌지껍질 écorce d'orange ······ 1개 분량

시럽 sirop

물 eau ······ 100g

그래뉴당 sucre semoule ······ 100g

만드는 방법

1

오렌지껍질을 채썰어 데친다.

2

냄비에 시럽재료를 넣고 끓인 후, 1을 넣어 약한 불로 가열한다. 시럽이 졸고 오렌지껍질이 부드러워질 때까지 끓인다.

Chocolat chaud

쇼콜라쇼

재료 5~6인분

우유 lait 200g
오렌지껍질 écorce d'orange ...... ⅓개 분량
다크초콜릿(카카오 55%) couverture noir 60g

만드는 방법

1
냄비에 우유와 오렌지껍질을 넣고 끓인다.

2
볼에 초콜릿을 넣고 1을 부어 잘 섞은 후 식힌다. 냉장고에 하룻동안 넣어두고 오렌지껍질을 건져낸다.

[조합 + 플레이팅]

재료 마무리용

오렌지 카르티에[*]

　　　quartiers d'orange ...... 1인분에 약 5개

* 키친타월 등으로 수분을 닦는다.

1

초콜릿 케이크의 둘레를 따라 오렌지 카르티에를 겹쳐 올린다.

2

가운데 빈 곳에 오렌지 마멀레이드를 올리고 그릇에 담는다.

3

초콜릿 케이크 둘레에 쇼콜라쇼를 조심스럽게 담는다.

4

3 위에 럭비공모양(크넬)의 오렌지 아이스크림을 올린다.

5

콩피, 오렌지 튀일로 장식한다.

맛과 식감을 어떻게 조합해야 하나

디저트의 기본 요소

「파티세리에서 과자의 기본을 배우지 않으면 레스토랑에서 디저트를 만들 수 없다.」 이것은 나의 스승인 〈그룹 알랭 뒤카스(Group Alain Ducasse)〉의 셰프 파티시에 니콜라 베르제(Nicolas Berger) 씨가 자주 했던 말이다. 나의 디저트 또한 프랑스 파티세리에서 팔고 있는 클래식한 과자에 기본을 두고 있다. 스펀지 반죽, 타르트 반죽, 다쿠아즈, 푀이타주 등의 기본 요소를 골고루 사용하고 있다.

칩이나 튀일, 소스 등은 디저트의 구성요소로 식감이나 모양에 악센트를 줄 수 있다. 파티세리에서는 별로 만들지 않는 요소이므로 대부분 레스토랑 현장에서 만드는 법을 배우게 된다. 특히 튀일은 만드는 방법이 매우 다양하여 아이디어에 따라 디저트의 개성을 잘 표현할 수 있는 요소이다.

두 가지 맛을 조합한다

디저트의 아이디어를 생각할 때, 대개 2종류의 맛을 조합하곤 한다. 바로 주연이 되는 맛과 조연이 되는 맛이다. 경우에 따라서는 향과 풍미가 있는 식재료나 향신료를 첨가하여 3종류를 넣는 경우도 있지만, 4종류 이상을 쓰는 경우는 별로 없다. 종류가 많으면 맛이 너무 복잡해지기 때문이다.

레스토랑에서는 특별한 날을 축하하기 위한 새로운 디저트가 탄생되는 경우도 적지 않다. 그럴 때에도 맛을 훌륭하게 조합하기 위해 지금까지의 다양한 지식과 경험이 필요하다. 아직 경험이 부족한 파티시에게는 어려운 일이겠지만, 경험을 쌓은 후에는 자기만의 센스가 확립된다.

붉은 과일의 방정식

맛이 잘 어울리는 조합이 몇 가지 있다. 주인공이 되는 맛은 제철과일이 기본이다. 무화과와 블랙커런트, 자두와 딸기 등의 붉은 과일은 궁합이 매우 좋은데, 「붉은색」×「붉은색」이 거의 그렇다. 붉은색인 레드와인도 잘 어울린다. 또한 붉은색 식재료는 향신료나 허브류와도 잘 어울린다. 붉은 꽃인 장미나 하이비스커스도 어울리지만, 맛보다는 향을 위한 보조재로 사용하는 사람도 많다.

「붉은 과일」×「감귤류」 역시 잘 어울리는 조합이다. 「붉은 과일」×「감귤류」×「레드와인」도 좋은데, 만약 붉은 과일이 없으면 「감귤류」×「레드와인」×「향신료」를 조합해도 문제없다.

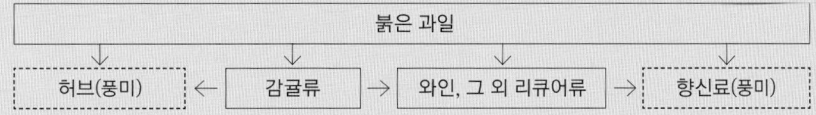

맛의 최종 체크

먼저 구성요소를 만드는 것부터 시작한다. 맛을 보면서 만들므로 절반쯤 만들면 완성된 맛을 짐작할 수 있다. 이 때 주재료의 맛이 돋보이는지 체크한다. 돋보이지 않으면 양을 늘리거나, 다른 요소에 그 맛을 더해 조절한다. 그 다음에 다시 조합하고 맛을 보면서 최종적으로 미세하게 조절하여 완성한다.

식감을 조합하는 방법

식감은 전체가 완성된 것을 이미지화하여 조합한다. 완성된 디저트는 포크로 모든 요소를 입에 넣었을 때 하나로 조화될 수 있게 구성한다. 크림의 부드러움, 반죽의 바삭함, 과일의 식감 등 모든 식감을 상상해가면서 만든다. 구성요소를 조합할 때는 손님의 테이블로 이동하기 쉬운지도 고려해야 한다.

Parfait Grand-marnier et mousse au chocolat

초콜릿 무스를 곁들인
그랑 마르니에 파르페

컨설팅 업체 셰프의 제안으로 시작.
구성요소의 아이디어도 이미 있기 때문에 나는 주로 맛, 디자인, 플레이팅 구성을
담당하였다. 식감에 악센트를 주기 위해 츄러스를 곁들였다.

Parfait au Grand-marnier
그랑 마르니에 파르페

재료 10인분

파트 아 봉브*¹ pâte à bombe

　달걀 노른자　janues d'œufs　⋯⋯ 100g

　그래뉴당　sucre semoule　⋯⋯ 135g

　물　eau　⋯⋯ 50g

오렌지 제스트　zeste d'orange râpé　⋯⋯ ¼개 분량

오렌지껍질 콩피　écorce d'orange confite　⋯⋯ 19g

그랑 마르니에*²　Grand-marnier　⋯⋯ 80g

생크림(유지방 38%)　crème liquide 38%　⋯⋯ 400g

★1 달걀노른자와 고온으로 끓인 시럽을 섞어 거품을 낸 반죽.

★2 3~4년 숙성한 코냑에 오렌지향을 가미한 프랑스산 리큐어로 오렌지, 초콜릿, 과일 절임 등에 잘 어울린다.

만드는 방법

1

파트 아 봉브를 만든다. 믹서볼에 달걀노른자를 넣고 휘퍼로 거품을 낸다.

2

냄비에 그래뉴당과 물을 넣고 가열한다. 118℃까지 끓으면 달걀노른자가 든 믹서볼에 조금씩 넣으면서 섞는다. 한 김 식으면 속도를 줄인다.

3

2의 파트 아 봉브에 오렌지 제스트, 오렌지껍질 콩피, 그랑 마르니에를 넣는다.

4

다른 볼에 생크림을 넣고 70% 정도 거품을 낸 후, 먼저 3에 조금 넣어 섞는다. 나머지도 넣어 거품이 꺼지지 않도록 실리콘 주걱으로 재빨리 섞는다.

5
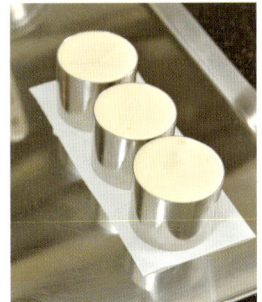

트레이에 베이킹시트를 깔고 지름 5.5㎝×높이 4㎝ 세르클 틀을 올린다. 짤주머니에 4를 담고 틀 가장자리까지 채운 후 표면을 평평하게 다듬는다. 냉동실에 얼려 굳힌다.

Crunky chocolate
크런키 초콜릿

재료 15인분

밀크초콜릿(카카오 35%) couverture lactée 80g
다크초콜릿(카카오 72%) couverture noir 15g
헤이즐넛 프랄리네*1 praliné noisette 50g
로열틴*2 royaltine 40g
라이스 크리스피 rice krispies 20g
잘게 다진 아몬드 amandes hachées 15g

★1 헤이즐넛에 캐러멜화한 설탕을 입힌 것.

★2 잘게 부순 크레이프 조각으로 푀양틴(feuillantine), 푀이틴(feuilletine)이라고도 한다.

만드는 방법

1

볼에 두 가지 초콜릿을 넣고 중탕으로 녹이면서 섞는다.

2

전부 녹으면 나머지 재료를 넣고 골고루 섞는다.

3
따뜻할 때 **2**를 베이킹시트 2장 사이에 넣고 밀대를 사용하여 5mm 두께로 민다. 그대로 냉장고에 식혀 굳힌다.

4

지름 8cm와 지름 5.5cm 세르클 틀을 함께 사용하여 초승달모양으로 찍어낸다.

Ecorce d'orange confite
오렌지껍질 콩피

재료 만들기 적당한 분량

오렌지껍질 écorce d'orange ...... 1개 분량
시럽 sirop
  물 100g
  그래뉴당 sucre semoule 100g

만드는 방법

1
오렌지껍질은 끓는 물에 데쳐 채썬다.

2
냄비에 시럽재료를 넣고 끓이다가 1을 넣고 약한 불로 시럽이 졸아들고 오렌지껍질이 부드러워질 때까지 가열한다.

Mousse au chocolat noir
무스 오 쇼콜라 누아르

재료 만들기 적당한 분량

생크림(유지방 38%) crème liquide ······ 120g
다크초콜릿(카카오 72%) couverture noir ······ 60g

만드는 방법

1

생크림을 70% 정도 거품 낸다.

2

초콜릿은 중탕하거나 전자레인지로 40℃까지 데운다. 1의 ¼을 섞고, 굳기 시작하면 한 번 더 가열한다. 상태를 보기 위해 한 번 섞고, 덩어리지면 다시 한 번 전자레인지에 몇 초 돌린 후, 좀 더 섞어 마블모양을 만든다.

3

나머지 생크림을 2번에 나누어 넣고 실리콘주걱으로 재빨리 섞는다.

4

비닐랩을 씌워 냉장고에 식혀 굳힌다.

Mousse au chocolat au lait
무스 오 쇼콜라 오 레

재료 만들기 적당한 분량

생크림(유지방 38%) crème liquide ······ 100g
밀크초콜릿(카카오 35%) couverture lactée ······ 60g

만드는 방법

1
위의 「무스 오 쇼콜라 누아르」와 같은 방법으로 만든다.

Churros à l'armagnac

아르마냑 츄러스

재료 30인분

A | 우유　lait …… 85g
　| 아르마냑* 　armagnac …… 40g
　| 버터　beurre …… 50g
　| 소금　sel …… 3g
　| 그래뉴당　sucre semoule …… 3g
　| 바닐라빈 씨　gousse de vanille …… ¼개 분량
　| 오렌지 제스트　zeste d'orange râpé …… ¼개 분량

박력분　farine faible …… 100g
달걀　œufs …… 90g
식용유　friture …… 적당량
그래뉴당　sucre semoule …… 적당량

* 알코올이 강하기 때문에, 알코올
에 약하다면 아르마냑 대신 물을
사용해도 좋다.

만드는 방법

1

냄비에 A를 넣고 중간 불로 가
열한다.

2

끓으면 불을 끄고, 체에 친 박
력분을 한 번에 넣고 실리콘주
걱으로 전체를 섞는다.

3

다시 중간 불에 올려 잘 섞은
후, 가루가 보이지 않을 때까지
전체를 골고루 익힌다. 냄비 바
닥에 얇은 막이 생기면 불에서
내리고 믹서에 돌려 식힌다. 이
렇게 해야 달걀을 넣어도 응고
되지 않는다.

4

달걀을 풀어 3에 조금씩 넣으
면서 상태를 본다. 슈 반죽보다
조금 단단해지도록 달걀물의
양을 조절하고, 부족하면 보충
한다.

5

별모양 깍지를 끼운 짤주머니에
4를 담고, 베이킹시트를 깐 트
레이에 30㎝ 길이로 짠다. 30
분 그대로 두어 표면을 건조시
킨다.

6

아래의 베이킹시트를 하나씩
잘라 분리한 후, 츄러스를 반으
로 자른다.

7

식용유를 160~170℃로 가열
하고, 자른 츄러스를 베이킹시
트째 넣는다. 도중에 떨어진 베
이킹시트를 건져내고 노릇노릇
해질 때까지 튀긴다.

8

기름기를 제거하고 뜨거울 때
그래뉴당을 묻힌다.

Sauce à l'orange
오렌지 소스

재료 만들기 적당한 분량

그래뉴당 sucre semoule ······ 75g
오렌지주스 jus d'orange ······ 300g

만드는 방법

1
냄비에 그래뉴당을 넣고 중간
불로 가열한다. 짙은 캐러멜색
이 될 때까지 졸인다.

2
오렌지주스를 넣어 묽게 만들
고, 반으로 줄 때까지 졸인다.

[조합 + 플레이팅]

재료 마무리용

오렌지 카르티에
quartiers d'orange ······ 적당량

1

접시에 초승달모양의 크런키 초콜릿을 담고,
그 위에 럭비공모양(크넬)으로 만든 2가지
무스를 올린다.

2

1 위에 오렌지 카르티에, 오렌지껍질 콩피로
장식한다.

3

크런키 초콜릿의 초승달 중심부에 반으로
어슷하게 자른 그랑 마르니에 파르페를 올리
고, 둘레에 오렌지 소스를 뿌린다.

4

츄러스를 올리고, 오렌지 카르티에와 오렌
지껍질 콩피로 장식한다.

Carré du pain et compote de figue séchée

빵과 무화과의 조합

빵이 있는 디저트를 만들고 싶어 생각해낸 아이디어.
캐러멜라이즈한 빵 가운데에 과일 푸알레를 숨겨,
먹는 사람에게 놀라움을 선사한다.
제철이라면 신선한 무화과를 사용하는 것이 가장 좋다.
무화과와 라즈베리의 클래식한 조합이 맛의 기본이다.

Sorbet au figue et framboise

무화과 라즈베리 소르베

재료 10인분

물 eau 125g

그래뉴당 sucre semoule 50g

물엿 glucose 50g

무화과 퓌레 purée de figue 150g

라즈베리 퓌레 purée de framboise 100g

레몬즙 jus de citron 5g

만드는 방법

1
냄비에 물, 그래뉴당, 물엿을 넣고 끓인다. 볼에 옮겨 담고, 얼음물이 담긴 볼 위에 얹어 섞으면서 식힌다.

2
나머지 재료를 넣고 섞은 후, 아이스크림 기계에 넣는다.

Crème glacée à la vanille

바닐라 아이스크림

재료 6인분

우유 lait 120g

생크림(유지방 38%) crème liquide 80g

바닐라빈 gousse de vanille ...... ¾개

달걀노른자 janues d'œufs 60g

그래뉴당 sucre semoule 40g

만드는 방법

1
냄비에 우유, 생크림, 바닐라빈 씨를 넣고 끓기 직전까지 가열한다.

2
볼에 달걀노른자와 그래뉴당을 넣고 하얗게 될 때까지 섞는다. 온도가 너무 식지 않도록 우선 1의 ½을 넣고 섞은 후, 다시 냄비에 옮겨 담고 전체를 섞으면서 83℃까지 가열한다. 온도가 그 이상이 되면 달걀이 익으므로 주의한다.

3
볼에 옮겨 담고, 얼음물이 담긴 볼 위에 얹어 섞으면서 식힌다. 냉장고에 하룻밤 넣어둔다.

4
체에 걸러 아이스크림 기계에 넣는다.

Pain

빵

재 료 12인분(가로 25×20㎝ 틀 1개 분량)

A
박력분 farine faible 250g
강력분 farine forte 145g
소금 sel 9g
생이스트 levure de boulanger 9g
물 eau 25g
우유(25~30℃로 데운 것) lait 125g
그래뉴당 sucre semoule 18g
라드* saint-doux 38g

스프레이오일 huile ...... 적당량
그래뉴당 sucre semoule ...... 적당량
버터 beurre ...... 적당량

★ 돼지고기 지방을 녹인 것.

만드는 방법

1

믹서볼에 A의 모든 재료를 넣는다. 소금과 생이스트가 반죽에 직접 닿으면 잘 부풀지 않으므로, 소금은 다른 가루 재료와 섞어둔다. 물과 우유는 25~30℃로 데워 넣는다.

2

저속으로 5~6분 돌리고, 전체가 30℃ 전후가 되면 글루텐이 생길 때까지 고속으로 3분 정도 반죽한다.

3

반죽의 표면을 늘려 덩어리의 모양을 만든다.

4

30℃ 정도인 곳에 약 1시간 놓아두고 2배로 크게 부풀 때까지 발효시킨다.

5

반죽을 눌러 가스를 뺀다.

6

스크레이퍼로 6등분하여 약 120g씩 분할한다. 빵틀의 세로 길이에 맞추어 지름이 20㎝ 정도 되도록 납작하게 편 후, 손바닥으로 가스를 빼면서 반죽 뒷쪽에서 앞쪽으로 말아 약 20㎝의 막대모양으로 만든다.

7

가로 25×20㎝ 빵틀에 스프레이오일을 뿌린다. 반죽 6개 모두를 이음매가 아래로 오게 같은 간격으로 넣고, 손바닥으로 위를 가볍게 눌러 빈 틈 없이 밀착시킨다.

8

다시 30℃ 정도의 따뜻한 곳에 두고 2배 정도 부풀도록 발효시킨다.

9

170℃로 예열한 오븐에 30분 굽는다. 틀에서 꺼내 식힌 후, 냉장고에 넣어 다시 식힌다.

10

노릇하게 구워진 면을 잘라내고, 가로세로 5.5㎝의 정사각형으로 12개를 자른다. 3㎝ 원형틀로 가운데를 찍어낸다.

11

프라이팬에 빵 2개당 그래뉴당 15g을 넣고 가열한다. 옅은 캐러멜색을 띠면 버터 10g을 넣고 잘 섞은 후, 빵 2개를 넣고 옆면과 표면을 모두 캐러멜라이즈한다.

12

베이킹시트 위에 빵을 올린다. 윗면의 캐러멜이 굳으면 뒤집어서 아랫면도 굳힌다.

Compote de figue demi-sec
반건조 무화과 콩포트

재료 만들기 적당한 분량

반건조 무화과(큰 것) figue demi-sec 300g

A | 레드와인 vin rouge 225g
  | 물 eau 150g
  | 그래뉴당 sucre semoule 150g
  | 오렌지껍질 écorce d'orange ...... ½개

만드는 방법

1
반건조 무화과의 꼭지를 뗀다.

2
냄비에 A를 넣고 가열한다. 끓기 시작하면 약한 불로 줄이고 1을 넣어 5분 정도 끓인다.

3
불에서 내려 실온에 하룻동안 둔다.

Poêlé de fruits
과일 푸알레

재료 2인분

반건조 무화과 콩포트(p.61 참조) compote de figue demi-sec ······ 1개

그래뉴당 sucre semoule ······ 10g

버터 beurre ······ 8g

반건조 무화과 콩포트 조림액 sirop de pochage ······ 40g

레몬즙 jus de citron ······ 8g

라즈베리 framboises ······ 30g

만드는 방법

1

반건조 무화과 콩포트를 6등분으로 자른다.

2

프라이팬에 그래뉴당을 넣고 가열하다가, 짙은 캐러멜색을 띠면 버터와 **1**을 넣고 살짝 볶는다.

3

콩포트 조림액과 레몬즙을 넣고, 마지막에 라즈베리를 넣어 한소끔 끓인 후 불에서 내린다.

[조합 + 플레이팅]

재료 마무리용

바닐라빈(2번째 사용하는 껍질을 세로로 길게 자른 것) gousse de vanille ······ 적당량

민트 menthe ······ 적당량

1

접시 가운데에 캐러멜라이즈한 빵을 올리고, 가운데의 구멍에 수분을 제거한 과일 푸알레를 넣는다. 빵 둘레에도 프루츠 푸알레를 배열한다.

2

바닐라 아이스크림, 무화과와 라즈베리 소르베를 짤주머니로 짤 수 있을 정도로 굳히고, 짤주머니에 별모양 깍지를 끼운 후 아이스크림과 소르베를 2층으로 담아 돌려가면서 짜서 빵 가운데의 과일 푸알레를 덮는다. 바닐라빈과 민트로 장식한다.

Rond de chocolat amer et fruits secs

초콜릿볼과 견과류의 조합

반구형 무스에서 아이디어를 얻어 발전시킨 디저트.
한 걸음 나아가, 반구형 소르베를 붙여 동그란 공모양으로 만들면 어떨까?
그래서 부드러운 프랄리네 푀양틴을 베이스로 조합해보자고 생각했다.
검은 초콜릿에 하얀 에멀션을 더해 시크한 이미지로 완성하였다.

Praliné feuillantine
프랄리네 푀양틴

재료　20인분

잘게 다진 아몬드　amandes hachées　……　37g
호두　noix　……　37g
피스타치오　pistaches　……　36g
밀크초콜릿　couverture lactée　……　70g
헤이즐넛 프랄리네　praline noisette　……　50g
로열틴　royaltine　……　80g

만드는 방법

1
다진 아몬드는 굽고, 호두와 피스타치오는 굵게 다진다.

2
볼에 밀크초콜릿을 넣고 중탕으로 녹인다. 재료를 모두 넣고 섞은 후, 실온에 보관한다.

Sorbet au chocolat
초콜릿 소르베

재료　15인분

우유　lait　……　200g
생크림(유지방 38%)　crème liquide　……　50g
그래뉴당　sucre semoule　……　40g
다크초콜릿(카카오 55%)　couverture noir　……　50g
카카오매스　pâte de cacao　……　40g

만드는 방법

1
냄비에 우유, 생크림, 그래뉴당을 넣고 끓인다.

2
볼에 초콜릿과 카카오매스를 넣고 **1**을 붓는다. 실리콘주걱으로 섞어 매끄럽게 녹인다.

3
얼음물이 담긴 볼 위에 얹어 식힌 후, 아이스크림 기계에 넣는다.

4
짤주머니에 **3**을 담고 지름 4㎝ 반구형 실리콘틀에 짠 후, 표면을 팔레트나이프로 평평하게 다듬어 냉동실에서 굳힌다.

5
굳으면 틀에서 빼내 글라사주 쇼콜라*를 입힌다.

　* 물 133g, 그래뉴당 133g, 물엿 33g, 카카오파우더 66g, 생크림(유지방 38%) 86g을 냄비에 넣고 가열한다. 끓으면 불을 끄고, 판젤라틴 15g을 물에 불린 후 물기를 제거하고 넣어 녹인다. 체에 걸러 볼에 담고 얼음물로 식힌다.

Mousse au chocolat amer

무스 오 쇼콜라 아메르

재료 20인분

다크초콜릿(카카오 72%) couverture noir 125g

버터 beurre 63g

프란젤리코*1 Frangelico 20g

아르마냑*2 Armagnac 20g

달걀노른자 janues d'œufs 40g

그래뉴당 sucre semoule 13g

달걀흰자 blancs d'œufs 60g

그래뉴당 sucre semoule 25g

★1 헤이즐넛을 주원료로 한 리큐어
의 한 종류. 이탈리아 바르베로
(Barbero) 사의 제품.

★2 프랑스 남서부 아르마냑 지방에
서 만든 브랜디.

만드는 방법

1

볼에 초콜릿과 버터를 넣고 중
탕으로 섞어 녹인다. 40℃ 정
도가 되면 프란젤리코와 아르
마냑을 넣고 섞는다.

2

다른 볼에 달걀노른자와 그래
뉴당을 넣고 하얗게 될 때까지
섞는다.

3

머랭을 만든다. 믹서볼에 달걀
흰자를 넣고 섞다가, 그래뉴당
을 넣고 80% 정도로 부드럽게
거품을 낸다.

4

3에 2를 넣고 거품이 꺼지지 않
도록 실리콘주걱으로 가볍게
섞어 마블모양으로 만든다. 전
체를 섞지 않도록 주의한다.

5

먼저 1에 4를 조금 넣어 섞은
후, 나머지를 모두 넣고 섞는다.

6

짤주머니에 5를 담고 지름 4㎝
반구형 실리콘틀에 짜 넣는다.

7

틀을 바닥에 몇 번 쳐서 공기를
뺀 후*3 팔레트나이프로 표면
을 평평하게 다듬어 냉동실에
서 굳힌다. 굳으면 틀에서 빼내
글라사주 쇼콜라를 입힌다.

★3 공기를 뺄 때 너무 많이 바닥에
치면 머랭이 가라앉으므로 주의
한다.

Emulsion

에멀션

* 구운 카카오를 주원료로 만든 리
큐어.

재 료 만들기 적당한 분량

우유 lait 100g

생크림(유지방 38%) crème liquide 50g

프란젤리코 Frangelico 25g

카카오 브라운* Cacao brown 28g

만드는 방법

1
냄비에 모든 재료를 넣고 60℃
정도까지 가열한다.

2
핸드블렌더로 큰 거품이 꺼질
정도로 섞은 후 잠시 그대로 둔
다. 2~3번 이 과정을 반복하여
고운 거품을 만든다.

[조합 + 플레이팅]

재 료 마무리용

견과류(굵게 다진 것) praliné ...... 적당량

헤이즐넛* noisette caraméliser ...... 적당량

* 헤이즐넛 알갱이에 이쑤시개를
꽂아 물엿을 묻힌 후, 뒤집어서
물엿이 쭉 늘어지게 굳힌다.

1

접시 가운데에 지름 5.5㎝ 세르클틀을 올리
고 프랄리네 퓌양틴을 1.5㎝ 높이로 깐다.
가운데를 조금 누른 후 틀을 제거한다.

2

가운데에 반구형 초콜릿 소르베를 뒤집어
올린다.

3

그 위에 무스 오 쇼콜라 아메르의 납작한 면
을 올려 동그란 공모양을 만든다.

4

동그라미 위에 헤이즐넛을 장식한 후 둘레에
에멀션을 뿌리고, 잘게 다진 견과류를 흩뿌
린다.

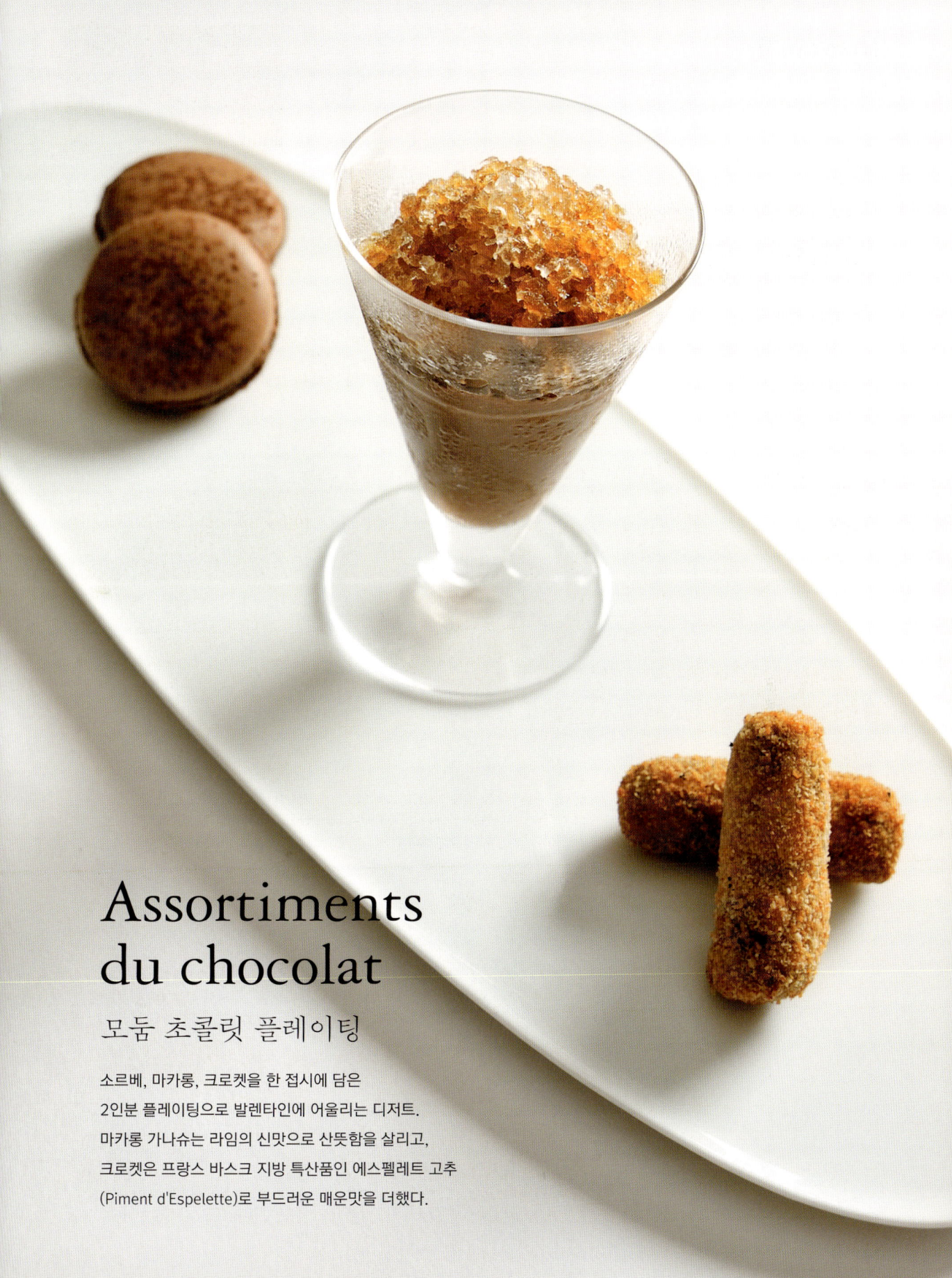

Assortiments
du chocolat

모둠 초콜릿 플레이팅

소르베, 마카롱, 크로켓을 한 접시에 담은
2인분 플레이팅으로 발렌타인에 어울리는 디저트.
마카롱 가나슈는 라임의 신맛으로 산뜻함을 살리고,
크로켓은 프랑스 바스크 지방 특산품인 에스펠레트 고추
(Piment d'Espelette)로 부드러운 매운맛을 더했다.

Macaron

마카롱

재료 25인분

마카롱 반죽 pâte à macaron

A | 아몬드파우더 amande poudre 100g
   | 슈거파우더 sucre glace 100g
   | 카카오파우더 cacao en poudre 18g
   | 달걀흰자 blancs d'œufs 42g

B | 달걀흰자 blancs d'œufs 40g
   | 시럽 sirop
      | 그래뉴당 sucre semoule 100g
      | 물 eau 25g

라임 가나슈 ganache de citron vert

  라임 퓌레
      pulpe de citron vert 100g
  생크림(유지방 38%)
      crème liquide 30g
  다크초콜릿(카카오 72%)
      couverture noir 50g
  다크초콜릿(카카오 55%)
      couverture noir 70g

만드는 방법

1

마카롱 반죽을 만든다. A의 아몬드파우더, 슈거파우더, 카카오파우더는 전날 체에 쳐서 섞어둔다.

2

볼에 **1**과 달걀흰자를 넣고 스크레이퍼로 반죽하여 페이스트 상태로 만든다.

3

이탈리안 머랭을 만든다. 믹서볼에 B의 달걀흰자를 넣고 단단하게 거품을 낸다. 냄비에 시럽재료를 끓여 118℃가 되면 믹서볼 가장자리에 조금씩 흘려 넣어 달걀흰자와 섞고, 한 김 식으면 속도를 줄인다.

4

2의 가운데에 **3**을 넣고 섞는다. 처음에는 조금씩 넣다가 전체적으로 매끄러워지면 나머지를 모두 넣고 섞는다.

5

스크레이퍼의 면으로 반죽을 치대 머랭의 거품을 없앤다(마카로나주). 반죽이 부드러워지고 들었을 때 천천히 떨어질 정도가 되어야 한다.

6

짤주머니에 둥근 깍지를 끼우고 **5**를 담은 후, 베이킹시트를 깐 오븐팬에 지름 3㎝ 정도의 돔모양으로 짠다. 오븐팬 바닥을 가볍게 두들겨 윗면의 짠 자국을 없애고, 그대로 30분 두어 표면을 건조시킨다.

7

150℃로 예열한 스팀 컨벡션 오븐에 8분 굽는다. 중간에 오븐팬 앞뒤를 돌려 넣는다. 구운 후에 그대로 식힌다.

8

라임 가나슈를 만든다. 라임 퓌레, 생크림을 각각 끓지 않을 정도로 가열한다. 볼에 2가지 초콜릿을 넣고, 따뜻한 라임 퓌레와 생크림을 순서대로 섞는다. 짤 수 있을 정도로 굳을 때까지 실온에 둔다.

9

짤주머니에 둥근 깍지를 끼우고 8의 라임 가나슈를 담는다. 구운 마카롱의 절반을 뒤집어 평평한 면에 필링을 짜고 남은 마카롱으로 덮는다. 냉장고에 식혀 굳힌다.

Sorbet au chocolat
초콜릿 소르베

재료 7인분

우유   lait 200g

생크림(유지방 38%)   crème liquide 50g

그래뉴당   sucre semoule 40g

다크초콜릿(카카오 55%)   couverture noir 50g

카카오매스   pâte de cacao 40g

만드는 방법

1
냄비에 우유, 생크림, 그래뉴당을 넣고 끓인다.

2
볼에 초콜릿과 카카오매스를 넣고 1을 섞는다. 실리콘주걱으로 매끄러워질 때까지 섞어 녹인다.

3
얼음물이 담긴 볼 위에 얹어 식히고, 아이스크림 기계에 넣는다.

Croquette

크로켓

재료 30인분

매운맛 가나슈 ganache de Piment déspelette

　생크림(유지방 38%) crème liquide 38% 125g

　우유 lait 50g

　고춧가루* Piment d'espelette 1g

　다크초콜릿(카카오 55%) couverture noir 200g

튀김옷

　박력분 farine faible ...... 적당량

　달걀 œufs ...... 적당량

　A – 빵가루와 아몬드파우더를 1:1로 섞은 것 mélange 1:1 (chapelure, amande poudre) ...... 적당량

식용유 friture ...... 적당량

만드는 방법

1

매운맛 가나슈를 만든다. 냄비에 생크림, 우유, 고춧가루를 넣고 끓인다.

2

볼에 초콜릿을 넣고, **1**을 부드럽게 섞으면서 녹인다. 짤 수 있을 정도로 굳을 때까지 실온에 둔다.

3

짤주머니에 둥근 깍지를 끼우고 **2**를 담은 후, 베이킹시트를 깐 팬에 35㎝ 길이로 짠다. 손의 체온 때문에 물러질 수 있으므로 몇 번에 나누어서 짠다.

4

3을 냉동실에서 굳히고 약 5㎝ 길이로 자른다.

5

튀김옷을 입힌다. **4**에 박력분, 달걀물, A를 순서대로 입히고 냉동실에 얼린다. 다시 달걀물, A 순서로 튀김옷을 입혀 냉동실에 얼린다.

6

끓기 직전인 180℃로 달군 식용유에 튀긴다. 터지지 않도록 조심스럽게 다룬다.

Granité au café
커피 그라니타[*]

재료 6인분

커피 café ······ 200g
그래뉴당 sucre semoule ······ 25g
럼주 rhum ······ 15g

만드는 방법

1
커피를 내리고 그래뉴당을 넣어 골고루 섞는다.

2
럼주를 넣고 한 김 식으면 냉동실에 넣는다.

3
굳기 시작하면 포크 등으로 뒤섞은 후 다시 냉동실에 얼린다. 이 과정을 4~5번 반복한다.

* 과일에 설탕, 와인, 얼음 등을 넣고 얼린 이탈리아식 디저트. 프랑스어로는 그라니테(granite).

[조합 + 플레이팅]

재료 마무리용

카카오파우더 cacao en poudre ······ 적당량

1

차게 한 글라스에 초콜릿 소르베를 알맞게 담는다.

2

그 위에 커피 그라니타를 올린다.

3

접시에 2, 튀긴 크로켓 2개, 카카오파우더를 뿌린 마카롱 2개를 담는다.

Barre aux amandes
et prunes japonaises

아몬드 무스와 매실 소르베

예전에 「소나무·대나무·매실」을 테마로 케이터링을 진행한 적이 있다.
이 때 디저트는 「매실」이 담당하였다. 자두와 아몬드의 궁합이 매우 좋아
자두를 매실로 대체해도 좋을 것 같았다. 매실주와 매실조림에 설탕이 많이 들어 있기 때문에
무스는 단맛을 줄였다.

Dacquoise aux amandes
아몬드 다쿠아즈

재료 20인분

A | 아몬드파우더   amande poudre   …… 100g
  | 슈거파우더   sucre glace   …… 100g
  | 박력분   farine faible   …… 25g
달걀흰자   blancs d'œufs   …… 112g
그래뉴당   sucre semoule   …… 38g

만드는 방법

1
A를 합쳐 체에 친다.

2
볼에 달걀흰자를 넣고 가볍게 거품을 낸 후, 그래뉴당을 넣어 뿔이 뾰족하게 설 정도로 거품을 낸다.

3
2에 1을 넣고, 거품이 꺼지지 않도록 실리콘주걱으로 재빨리 섞는다.

4
오븐팬에 가로 12㎝×세로 33㎝ 무스틀을 올리고 3을 부어 얇게 편다. 170℃로 예열한 오븐에 15분 굽는다.

Marmelade aux prunes
매실 마멀레이드

재료 20인분

A | 매실조림(씨를 제거한 것)   prunes au sirop(dénoyauté)   …… 150g
  | 매실(술절임, 씨를 제거한 것)   prunes(alcoolisée, dénoyauté)   …… 100g
  | 물   eau   …… 125g
  | 레몬즙   jus de citron   …… 2g
펙틴 NH   pectine NH   …… 3g
그래뉴당   sucre semoule   …… 10g

만드는 방법

1
볼에 A를 합쳐 핸드블렌더로 섞는다.

2
1을 냄비에 옮겨 담고 수분이 없어질 때까지 조린다.

3
펙틴과 그래뉴당을 섞은 후, 2에 넣어 한소끔 끓인다. 냉장고에 보관한다.

Mousse aux amandes
아몬드 무스

재료 20인분

우유 lait 130g

마지팬 로마세(아몬드 50%) pâte d'amande crue 40g

판젤라틴 gélatine en feuilles 7g

아몬드 시럽 sirop d'orgeat 5g

아몬드 에센스 essance d'amande amer 1g

생크림(유지방 38%) crème liquide 120g

달걀흰자 blancs d'œufs 50g

A | 그래뉴당 sucre semoule 40g
  | 물 eau 18g

만드는 방법

1

냄비에 우유와 마지팬 로마세를 넣고 거품기로 섞으면서 가열한다. 불을 끄고, 물에 불려 물기를 제거한 판젤라틴을 넣는다.

2

볼에 옮겨 담고, 얼음물이 담긴 볼 위에 얹어 식힌다. 아몬드 시럽과 아몬드 에센스를 넣고 섞는다.

3

이탈리안 머랭을 만든다. 믹서볼에 달걀흰자를 넣고 거품을 낸다. 냄비에 A를 넣고 가열하여 118℃가 되면 믹서볼 가장자리에 조금씩 흘려 넣어 달걀흰자와 섞는다. 한 김 식으면 속도를 줄인다.

4

생크림을 80% 정도 거품을 낸 후 3의 이탈리안 머랭을 넣고 거품이 꺼지지 않도록 재빨리 섞는다.

5

4를 2~3번 나누어 2에 넣을 때마다 재빨리 섞는다.

6

짤주머니에 5를 담고 차게 한 다쿠아즈 위에 짠다. 표면을 팔레트나이프로 평평하게 다듬고 냉동실에서 굳힌다.

7

굳으면 틀 가장자리에 칼을 집어 넣어 틀을 분리한 후, 3×11.5㎝ 크기의 직사각형으로 자른다.

Sorbet aux prunes alcoolisée

매실주 소르베

재료 20인분

A | 물 eau ⋯⋯ 290g
  | 그래뉴당 eau ⋯⋯ 125g
  | 물엿 glucose ⋯⋯ 40g
  | 매실주 prunes alcoolisée ⋯⋯ 250g
매실조림(씨를 제거한 것) prunes glace(dénoyauté) ⋯⋯ 150g

만드는 방법

1
냄비에 A를 넣고 가열한다. 끓으면 볼에 옮겨 담고, 얼음물이 담긴 볼 위에 얹어 식힌다.

2
매실조림을 넣고 핸드블렌더로 섞는다.

3
2를 아이스크림 기계에 넣는다.

Crémeux aux amandes

아몬드 크림

재료 20인분

우유 lait ⋯⋯ 280g
생크림(유지방 38%)
　　　crème liquide ⋯⋯ 100g
마지팬 로마세(아몬드 50%)
　　　pâte d'amande crue ⋯⋯ 70g

달걀노른자 janues d'œufs ⋯⋯ 100g
그래뉴당 sucre semoule ⋯⋯ 25g
박력분 farine faible ⋯⋯ 32g
버터 beurre ⋯⋯ 150g
아몬드 에센스 essance d'amande amer ⋯⋯ 2g

만드는 방법

1
냄비에 우유, 생크림, 마지팬 로마세를 넣고 거품기로 섞으면서 끓인다.

2
볼에 달걀노른자, 그래뉴당을 넣고 거품기로 하얗게 될 때까지 섞는다. 박력분을 넣고 다시 섞는다.

3
2에 1의 ½을 넣고 섞은 후, 냄비에 옮겨 담아 전체를 섞는다. 중간 불에 올리고 타지 않도록 실리콘주걱으로 계속 저으면서 걸쭉해질 때까지 가열한다.

4
따뜻할 때 버터와 아몬드 에센스를 넣고 핸드블렌더로 매끄러워질 때까지 섞는다. 표면이 마르지 않게 비닐랩을 밀착시켜 씌우고 냉장고에 보관한다.

[조합 + 플레이팅]

재료 마무리용

화이트초콜릿(3.5×12cm의 얇은 판모양)
      couverture blanc ······ 1인분에 2장
매실조림 prunes au sirop ······ 1인분에 1개
금박 feuille d'or ······ 적당량

1

가운데가 4×13cm 크기로 뚫린 얇은 직사각형 플라스틱 시트를 준비한다. 1인분에 사용하는 화이트초콜릿 2장 중 하나는 냉동실에 넣어 차게 한다.

2

마무리용 매실조림은 십자로 칼집을 넣어 칼로 씨를 분리하고, 과육을 세로로 반을 자른다.

3

둥근 깍지를 끼운 짤주머니에 아몬드 크림을 담고 실온에 둔 화이트초콜릿 위에 나선형으로 짠다.

4

2의 매실조림과 금박을 장식한다.

5

물결모양 깍지를 끼운 짤주머니에 매실주 소르베를 담고 위아래로 움직이면서 차게 한 화이트초콜릿 위에 물결모양으로 짠다.

6

접시에 준비한 플라스틱 시트를 깔고, 사각형 구멍에 매실 마멀레이드를 바른다.

7

플라스틱 시트를 떼어내고 그 위에 다쿠아즈에 아몬드 무스를 짠 것을 올린다.

8

그 위에 5, 4의 순서로 올려서 쌓는다.

Ananas sauté
et sorbet au coco

파인애플 소테와 코코넛 소르베

여름이 제철인 파인애플을 두껍게 슬라이스하여 소테한다.
디저트 전체를 황금색과 흰색으로 조합하여 완성했기 때문에
튀일 역시 하얀 색을 의식하여 쌀가루와 라드를 사용하였다.
처음 아이디어에 나의 의견을 더해 완성한
임팩트가 강한 열대과일 디저트이다.

Marmelade à l'ananas
파인애플 마멀레이드

재료 3인분

파인애플 ananas 360g

그래뉴당 sucre semoule 60g

망고 비니거 vinaigre de mangue 40g

물 eau 180g

바닐라빈 gousse de vanille 1개

민트잎 feuille de menthe 1g

만드는 방법

1

파인애플을 굵게 다진다.

2

냄비에 그래뉴당을 넣고 밝은 캐러멜색을 띨 때까지 졸인다.

3

2에 파인애플, 망고 비니거, 물, 바닐라빈 씨를 긁어 껍질과 함께 넣고 수분이 날아가도록 15~20분 약한 불로 조린다. 그대로 식혀 냉장고에 넣는다.

4

디저트를 조립하기 직전에 민트잎을 잘게 다져 3과 섞는다.

Sorbet au coco
코코넛 소르베

재료 10~12인분

코코넛 퓌레 pulpe de coco 400g

우유 lait 200g

그래뉴당 sucre semoule 100g

전화당(트리몰린) trimoline 35g

바닐라빈 gousse de vanille 1개

말리부* Malibu 30g

만드는 방법

1

냄비에 말리부를 제외한 모든 재료를 넣고 섞으면서 가열한다. 볼에 옮겨 담고, 얼음물이 담긴 볼 위에 얹어 식힌다.

2

말리부를 넣고 아이스크림 기계에 넣는다.

* 코코넛과 화이트럼으로 만든 리큐어.

Ananas sauté

파인애플 소테

재 료 3인분

파인애플 ananas 1개
시럽(그래뉴당과 물을 1:1로 끓여 식힌 것) sirop 150g
바닐라빈 gousse de vanille ...... ⅓개
그래뉴당 sucre semoule ...... 5~6g
버터 beurre ...... 적당량

만드는 방법

1

파인애플은 위아래를 평평하게 자르고, 껍질을 제거한다.

2

3.5㎝ 높이로 3개를 자르고 지름 6㎝ 틀로 찍어낸다. 가운데의 심을 지름 1.5㎝ 틀로 찍어내 링모양으로 만든다.

3

진공팩에 2, 시럽, 바닐라빈 껍질을 넣고 진공포장기로 팩 안의 공기를 빼낸다. 90℃의 스팀 컨벡션 오븐에 30분 가열한다. 얼음물에 팩째로 식힌 후 냉장고에 하룻동안 넣어둔다.

4

접시에 담기 직전에 소테한다. 프라이팬에 그래뉴당을 가열하여 옅은 갈색을 띠면 물기를 제거한 파인애플을 넣는다. 양면이 살짝 노릇해지면 버터와 팩에 남은 시럽 1~2큰술을 넣고 수분을 날린다.

Sauce à l'ananas

파인애플 소스

재 료 20인분

그래뉴당 sucre semoule 20g
파인애플 퓌레 pulpe d'ananas 150g
화이트럼 rhum blanc 20g
라임 퓌레 pulpe de citron vert 10g

만드는 방법

1

냄비에 그래뉴당을 넣고 중간불로 밝은 캐러멜색이 될 때까지 가열한다.

2

1에 파인애플 퓌레와 화이트럼을 넣고, 그래뉴당을 녹이면서 알코올을 날린다.

3

불을 끄고 라임 퓌레를 넣는다.

Tuiles
튀일

재료 10인분

라드(또는 쇼트닝) saint-doux 40g
달걀흰자 blancs d'œufs 40g
슈거파우더 sucre glace 40g

박력분 farine faible 20g
쌀가루 farine de riz 20g
코코넛가루 coco râpé ...... 적당량

만드는 방법

1

볼에 라드를 넣고 거품기로 부드럽게 풀어 포마드 상태로 만든다. 달걀흰자를 2번에 나누어 넣을 때마다 잘 섞는다.

2

슈거파우더, 박력분, 쌀가루를 체에 쳐서 1에 넣고 섞는다.

3

팔레트나이프를 사용하여 베이킹시트에 지름 10㎝, 두께 2㎝의 원형으로 펴 바른 후, 그 위에 지름 7㎝ 세르클틀을 올리고 삐져나온 부분을 제거한다.

4

표면에 코코넛가루를 살짝 뿌리고 140℃로 예열한 오븐에 15분 굽는다(중간에 오븐팬의 앞뒤를 돌려 넣는다). 그대로 식힌다.

Crème de coco
코코넛 크림

재료 8인분

코코넛 퓌레 pulpe de coco 150g
우유 lait 60g
달걀노른자 janues d'œufs 50g
그래뉴당 sucre semoule 20g

옥수수 전분 maïzena 12g
말리부 Malibu 15g
버터 beurre 24g

만드는 방법

1
커스터드 크림을 만든다. 냄비에 코코넛 퓌레와 우유를 넣고 끓기 직전까지 가열한다.

2
볼에 달걀노른자와 그래뉴당을 넣고 하얗게 될 때까지 섞다가 옥수수 전분을 넣는다.

3
2에 1의 ½을 넣고 섞은 후, 냄비에 옮겨 담고 전체를 섞는다. 중간 불에 올리고 타지 않게 실리콘주걱으로 저으면서 걸쭉하게 만든다.

4
한 김 식으면(약 60℃) 말리부와 버터를 넣고 핸드블렌더로 섞는다. 냉장고에 보관한다.

[조합 + 플레이팅]

재료 마무리용

파인애플 ananas ...... 적당량

민트잎 feuille de menthe ...... 적당량

1

마무리용 파인애플은 7㎜ 크기로 깍둑썰기
한다. 민트잎은 장식용으로 조금 남겨두고,
나머지를 곱게 다져 파인애플과 섞는다.

2

튀일 1장 안쪽에 코코넛 크림을 3㎜ 두께로
바르고, 다른 1장으로 덮는다.

3

접시에 지름 7㎝ 세르클틀을 올리고 파인애
플 마멀레이드를 5㎜ 두께로 깐다.

4

그 위에 파인애플 소테를 올린다.

5

둘레에 파인애플 소스를 뿌린다.

6

파인애플 소테 위에 튀일, 럭비공모양(크넬)
의 코코넛 소르베를 순서대로 올린다.

7

1을 위에 뿌리고, 장식용으로 남긴 민트잎을
장식한다.

Macaron glacé
aux griottes

다크체리 마카롱 글라세

마카롱 글라세는 다양하게 응용할 수 있다.
이 레시피는 마카롱 사이에 넣는 필링의 맛을 먼저 결정했다.
그 다음에 제철 그리오트(신맛이 강한 체리의 일종)와 궁합이 맞는 피스타치오,
그리고 이 둘과 모두 어울리는 바닐라 순으로 맛의 밸런스를 고려하였고,
마카롱 반죽은 필링과 잘 어울리는 색으로 만들었다.

Pâte à macaron
마카롱 반죽

재 료 15인분

아몬드파우더 amande poudre 250g

슈거파우더 sucre glace 400g

달걀흰자 blancs d'œufs 200g

건조 달걀흰자 blancs d'œufs en poudre 1g

색소(붉은색) colorant rouge ...... 적당량

그래뉴당 sucre semoule 60g

만드는 방법

1

아몬드파우더와 슈거파우더는 전날 체에 쳐서 섞어둔다.

2

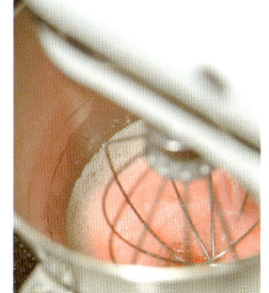

믹서볼에 달걀흰자, 건조 달걀흰자 순서로 넣고 가볍게 섞는다. 건조 달걀흰자를 먼저 넣으면 단단해지기 쉬우므로 나중에 넣는 것이 좋다.

3

2에 색소를 넣고 어느 정도 섞은 후, 그래뉴당을 조금씩 넣으면서 저속으로 천천히 섞어 뿔이 뾰족하게 설 정도로 거품을 낸다.*

★ 고속으로 돌리면 기포가 거칠어지므로 되도록 천천히 돌린다.

4

믹서에서 볼을 분리하고, 1을 조금씩 넣으면서 전체를 섞는다. 스크레이퍼 면으로 반죽을 치대 거품을 없앤다(마카로나주). 반죽이 부드러워지고, 들었을 때 천천히 떨어질 정도가 되어야 한다.

5

둥근 깍지를 끼운 짤주머니에 4를 담고 베이킹시트를 깐 오븐팬에 지름 3㎝ 정도의 돔모양으로 짠다. 오븐팬 바닥을 가볍게 두들겨 짠 자국을 없애고, 30분 그대로 두어 손으로 만졌을 때 묻어나지 않을 정도로 표면을 말린다.

6

150℃로 예열한 오븐에 10분 정도 굽는다. 5분이 지나면 오븐팬의 앞뒤를 돌려 넣는다. 단단한지 확인하면서 시간을 1~2분 정도 조절하여 굽는다. 그대로 식힌다.

Crème glacée à la vanille
바닐라 아이스크림

재료 15~20인분

우유 lait 120g

생크림(유지방 38%) crème liquide 80g

바닐라빈 gousse de vanille ...... ¾개

달걀노른자 janues d'œufs 60g

그래뉴당 sucre semoule 40g

만드는 방법

1
냄비에 우유, 생크림, 바닐라빈 씨를 넣고 끓기 직전까지 가열한다.

2
볼에 달걀노른자와 그래뉴당을 넣고 하얗게 될 때까지 섞는다. 온도가 너무 식지 않도록 우선 1의 ½을 넣고 섞은 후, 다시 냄비에 옮겨 담고 전체를 섞으면서 83℃까지 가열한다.

3
볼에 옮겨 담고, 얼음물이 담긴 볼 위에 얹어 섞으면서 식힌다. 냉장고에 하룻밤 넣어둔다.

4
체에 걸러 아이스크림 기계에 넣는다.

Sorbet à la griotte
그리오트 소르베

재료 15~20인분

그리오트 퓌레 pulpe de griotte 200g

레몬즙 jus de citron 4g

키르슈 kirsch 7g

물 eau 100g

그래뉴당 sucre semoule 40g

물엿 glucose 40g

만드는 방법

1
그리오트 퓌레, 레몬즙, 키르슈를 섞는다.

2
냄비에 물, 그래뉴당, 물엿을 넣고 끓인다. 볼에 옮겨 담고, 얼음물이 담긴 볼 위에 얹어 섞으면서 식힌다.

3
2에 1을 섞고 아이스크림 기계에 넣는다.

Crème glacée à la pistache
피스타치오 아이스크림

재료 15~20인분

우유 lait 200g
생크림(유지방 38%) crème liquide 40g
버터 beurre 15g
피스타치오 페이스트 pâte de pistaches 35g

달걀노른자 janues d'œufs 42g
그래뉴당 sucre semoule 50g

만드는 방법

1
냄비에 우유, 생크림, 버터, 피스타치오 페이스트를 넣고 끓기 직전까지 가열한다.

2
볼에 달걀노른자, 그래뉴당을 넣고 하얗게 될 때까지 섞는다. 우선 1의 ½을 섞은 후, 다시 냄비에 옮겨 담고 전체를 섞으면서 83℃까지 가열한다.

3
볼에 옮겨 담고, 얼음물이 담긴 볼 위에 얹어 섞으면서 식힌다. 냉장고에 하룻밤 넣어둔다.

4
체에 걸러 아이스크림 기계에 넣는다.

Griotte soutée
그리오트 소테

재료 3인분

그리오트 griottes ...... 6~7개
버터 beurre ...... 적당량
그래뉴당 sucre semoule 2꼬집
코냑 cognac ...... 조금

만드는 방법

1

디저트를 조합하기 직전에 그리오트를 소테한다. 그리오트에 세로로 돌려가면서 칼집을 넣고 비틀어 씨를 제거한다.

2

프라이팬에 그리오트를 가볍게 볶다가, 버터와 그래뉴당을 넣고 섞는다.

3

코냑으로 플랑베한다[*].

★ 코냑 등의 브랜디를 사용해 요리에 불을 붙이는 것.

[조합 + 플레이팅]

재 료 마무리용

줄기 달린 그리오트 griotte ...... 적당량
피스타치오(통째) pistaches ...... 적당량
민트잎 feuille de menthe ...... 적당량
슈거파우더 sucre glace ...... 적당량

1

둥근 깍지를 끼운 3개의 짤주머니에 바닐라 아이스크림, 그리오트 소르베, 피스타치오 아이스크림을 각각 담고 마카롱 셸에 짠다. 다른 마카롱 셸로 덮는다.

2

접시에 그리오트 소테를 담는다.

3

그 위에 1을 3개 담는다.

4

그리오트 소테, 줄기 달린 그리오트를 올린다.

5

반으로 자른 피스타치오를 뿌리고, 맨 위에 민트잎을 올린다.

6

슈거파우더를 뿌린다.

Pêches pochées à la verveine / sorbet au champagne rose

버베나향 복숭아 포세와
로제샴페인 소르베

프랑스에서 여름에 전통적으로 조합하는 복숭아와 버베나에서
아이디어를 낸 메뉴. 그래서 포셰, 소르베, 복숭아 칩으로
연한 색에서 짙은 색까지 분홍빛을 조합하였다.
크림은 브륄레뿐이어서 깊은 맛을 더했고
색의 밸런스를 맞추기 위해 에멀션으로 마무리하였다.

Créme brûlée à la verveine

버베나 브륄레

재료 10인분(지름 6.5㎝ 세르클틀 10개 분량)

생크림(유지방 38%) crème liquide 300g
버베나* verveine ...... 10g(이 중 말린 것 7g)
달걀노른자 janues d'œufs 107g
그래뉴당 sucre semoule 46g
판젤라틴 gélatine en feuilles 4g

만드는 방법

1

지름 6.5㎝ 세르클틀 바깥쪽에 물을 바르고, 한쪽에 비닐랩을 팽팽하게 씌워 고무줄로 고정한 후, 비닐랩을 씌운 쪽이 바닥으로 오게 놓는다.

2

냄비에 생크림을 넣고 타지 않게 끓인다.

3

불을 끄고 말린 버베나와 굵게 다진 생버베나를 넣고, 뚜껑(또는 비닐랩)을 덮어 5분 정도 향을 우려낸다. 버베나가 잠기도록 가볍게 눌러준다.

4

볼에 달걀노른자와 그래뉴당을 넣고 하얗게 될 때까지 섞는다.

5

온도가 너무 식지 않게 우선 4에 3의 ½을 넣고 섞은 후, 냄비에 옮겨 담고 83℃까지 가열한다. 온도가 그 이상이 되면 달걀이 익으므로 잔열로 데운다.

6

5를 체에 걸러 볼에 담는다.

7

물에 불려 물기를 제거한 판젤라틴을 넣어 녹이고, 얼음물이 담긴 볼 위에 얹어 섞으면서 식힌다. 섞으면서 식히지 않으면 아래쪽이 단단하게 굳으므로 주의한다.

8

1의 세르클틀에 7을 1㎝ 높이로 붓고 몇 번 바닥에 쳐서 공기를 뺀다. 비닐랩을 씌워 냉장고에서 굳힌다.

> ＊ 레몬 버베나(Lemon verbena)라고도 부르는 레몬향이 나는 허브. 생으로 사용하거나 말려서 사용한다.

Pêche pochées
복숭아 포세

재료 9인분

백도(완숙·중간 크기) pêche blanche 3개

버베나 verveine 3g

시럽 sirop

　물 eau 100g

　그래뉴당 sucre semoule 25g

　레드커런트 퓌레 pulpe de groseille 40g

만드는 방법

1
냄비에 시럽재료를 넣고 끓인 후 그대로 식힌다.

2
씻어서 물기를 제거한 백도와 버베나를 진공팩에 넣고 진공 포장기로 팩 안의 공기를 뺀다.

3
90℃의 스팀 컨벡션 오븐에 넣고 20~30분 가열한다.

4
3을 얼음물에 팩째로 담가 식히고, 냉장고에 하룻동안 넣어둔다. 껍질을 벗기고, 벗긴 껍질은 칩(p.91 참조)에 사용한다.

Crumble à la verveine
버베나 크럼블

재료 9인분

버터 beurre 50g

그래뉴당 sucre semoule 50g

버베나(건조·다진 것*) verveine séchée 2.5g

아몬드파우더 amande poudre 50g

박력분 farine faible 50g

* 생으로 사용할 경우에는 분량을 ⅓~½로 줄인다.

만드는 방법

1
버터는 실온에 놓아두고, 박력분은 체에 친다.

2
믹서볼에 버터를 넣고 가볍게 풀어 포마드 상태로 만든 후, 그래뉴당과 버베나를 넣고 섞는다. 아몬드파우더, 박력분을 순서대로 넣고 가루가 보이지 않을 때까지 골고루 섞는다.

3
스크레이퍼를 사용하여 덩어리로 뭉친 후, 잣 크기 정도로 떼어내 베이킹시트를 깐 오븐팬에 겹치지 않게 올린다. 구울 때 부풀지 않도록 2시간 정도 그대로 두어 건조시킨다.

4
160℃로 예열한 오븐에 3을 15~20분 굽는다. 오븐팬을 꺼내 그대로 식혀 손으로 부순다.

Marmelade de pêche

복숭아 마멀레이드

재료 20인분

붉은 복숭아*(냉동·껍질 벗긴 것)
　　pêche de vigne 275g
꿀 miel 30g

바닐라빈 gousse de vanille 1개
펙틴 NH pectine NH 2g
그래뉴당 sucre semoule 30g

만드는 방법

1
붉은 복숭아는 해동하여 잘게 다진 후 냄비에 넣는다. 꿀, 바닐라빈 씨와 껍질을 넣고 수분이 없어질 때까지 가열한다.

2
펙틴과 그래뉴당을 잘 섞은 후, 1에 넣고 섞는다. 한소끔 끓으면 불을 끄고 식힌다.

★ 프랑스산 복숭아로, 과육이 붉고 신맛이 강하다. 이름은 「포도나무 복숭아」라는 의미.

Sorbet au champagne rose

로제샴페인 소르베

재료 12~15인분

붉은 복숭아(냉동) pêche de vigne 150g
로제샴페인 champagne rose 325g

시럽 sirop
　물 eau 150g
　그래뉴당 sucre semoule 125g
　물엿 glucose 30g

만드는 방법

1
붉은 복숭아는 해동한다.

2
냄비에 시럽재료를 넣고 가열한 후 식힌다.

3
2에 1을 넣고 핸드블렌더로 갈아서 섞는다.

4
로제샴페인을 넣고, 아이스크림 기계에 넣는다.

Emulsion verveine

버베나 에멀션

재료 12~15인분

우유 lait 150g
생크림(유지방 38%) crème liquide 50g

그래뉴당 sucre semoule 15g
버베나잎 feuilles de verveine 2g

만드는 방법

1
냄비에 우유, 생크림, 그래뉴당을 넣고 60~70℃로 데운 후 버베나를 넣는다.

2
핸드블렌더로 섞어 큰 거품을 없애고 잠시 그대로 둔다. 2~3번 반복하여 고운 거품으로 만든다.

[조합 + 플레이팅]

재료 마무리용

버베나 _verveine_ ...... 적당량
복숭아 칩*1 _chips de pêche_ ...... 적당량

*1 복숭아 포셰의 껍질 양면에 슈거
파우더를 뿌리고 건조하듯이 굽
는다.

*2 빗모양썰기는 복숭아 등의 둥근
재료를 세로로 6~8등분하는 것
이다.

1

복숭아 포셰는 12등분하여 빗모양으로 썰
고*2 물기를 제거한다.

2

브륄레는 비닐랩을 벗기고 접시 가운데에 올
린 후, 틀 안쪽에 칼을 집어넣어 한 바퀴 돌
린다.

3

그 위에 크럼블을 채운다.

4

틀의 테두리를 따라 복숭아 포셰를 올린다.

5

복숭아 포셰 가운데에 마멀레이드를 담고,
그 위에 소르베가 미끄러지지 않게 크럼블
을 몇 개 올린 후, 틀을 제거한다.

6

럭비공모양(크넬)의 로제샴페인 소르베를
올리고, 복숭아 칩과 버베나잎을 장식한다.

7

에멀션 버베나로 원을 그리듯이 둘레를 장식
한다.

Feuilleté aux prunes, glace au sucre noir

자두 푀이테와 흑설탕 아이스크림

〈브누아(Benoit)〉에서 일할 때, 셰프로부터 「자두 푸알레와 푀이타주에
아이스크림을 곁들이고 싶다」는 요청을 듣고 생각해낸 아이디어이다.
푸알레에 사용한 비정제설탕과 어울리도록 흑설탕 아이스크림을 곁들이고,
푀이타주 안에 잼과 커스터드를 넣어 서프라이즈를 선사한다.

Feuilletage
푀이타주

재료 16인분

A	버터	beurre	...... 225g
	박력분	farine faible	...... 45g
	강력분	farine forte	...... 45g
B	박력분	farine faible	...... 100g
	강력분	farine forte	...... 110g
	소금	sel	...... 8g
	녹인 버터(뜨겁지 않은 것)	beurre fondu	...... 68g
	물	eau	...... 85g

강력분(덧가루)　farine forte　...... 적당량

만드는 방법

1

믹서볼에 A(가루 재료는 체에 친다)를 넣고 가볍게 섞는다.

2

전체가 섞이면 볼에서 꺼내 비닐랩으로 감싸고, 밀대로 5mm 두께의 직사각형으로 민다. 냉장고에 최소 1시간 넣어둔다.

3

B도 1처럼 섞는다. 완전히 섞이지 않아도 가루가 보이지 않으면 괜찮다.

4

3을 비닐랩으로 감싸 2의 절반 크기의 정사각형으로 민다. 냉장고에 최소 1시간 넣어둔다.

5

휴지시킨 2를 밀대로 밀어 4의 반죽을 감쌀 수 있는 크기로 늘린다.

6

5의 반죽 앞쪽에 4의 반죽을 올리고, 아래 반죽을 뒤에서 앞으로 접어서 덮는다. 양 옆도 붙여 올려진 반죽을 완전히 감싼다.

7

비닐랩으로 감싸 냉장고에 최소 1시간 넣어둔다. 작업대에 덧가루를 뿌리고 밀대로 반죽을 앞뒤로 늘린 후, 3겹으로 접는다. 다시 비닐랩으로 감싸 냉장고에 넣어 차게 한다.

8

차가워진 반죽을 밀대를 사용하여 세로로 길게 늘린다. 4겹으로 접어 다시 비닐랩으로 감싸 냉장고에 넣어 차게 한다.

9

7~8 과정을 1세트로 반복한다. 차가워진 반죽을 5㎜ 두께로 늘려 12.5×4㎝ 크기의 직사각형으로 자른다.

10

베이킹시트를 깐 오븐팬에 올려 180℃로 예열한 오븐에 굽는다. 5~6분 굽고 꺼낸다.

11

너무 많이 부풀지 않도록 베이킹시트와 식힘망을 올려 같은 온도로 15분 굽는다. 상태를 보면서 170℃에서 10분 정도 구워 안까지 익힌 후 식힌다.

★ A의 반죽은 버터의 양이 많아 물러지기 쉬우므로, 작업 중에는 되도록 손에 닿지 않게 비닐랩으로 감싸는 것이 좋다.

Crème pâtissière
커스터드 크림

재료 12~15인분

우유 lait 250g

바닐라빈 gousse de vanille ...... ½개

달걀노른자 janues d'œufs 40g

그래뉴당 sucre semoule 50g

박력분 farine faible 23g

만드는 방법

1
냄비에 우유와 바닐라빈 씨를 넣고 끓기 직전까지 가열한다.

2
볼에 달걀노른자와 그래뉴당을 넣고 하얗게 될 때까지 섞다가 박력분을 넣는다.

3
2에 1의 ½을 넣고 섞은 후, 냄비에 옮겨 담고 전체를 섞는다. 중간 불에 올리고 타지 않게 실리콘주걱으로 저으면서 걸쭉하게 만든다.

Confiture prunes
자두잼

재료 20인분

자두(씨를 제거한 것) prunes 270g

그래뉴당 sucre semoule 270g

레몬즙 jus de citron 30g

만드는 방법

1
자두를 잘게 다진다.

2
냄비에 모든 재료를 넣고 걸쭉하게 조린다.

Poêlé des prunes
자두 푸알레

재료 10인분

솔덤(Soldum, 껍질은 녹색이고 과육은 붉은색인 새콤달콤한 자두) prunes …… 5개
비정제설탕 cassonade …… 40g
브랜디 eau-de-vie …… 20g

만드는 방법

1

솔덤은 세로로 돌려가며 칼집을 넣고, 비틀어서 씨를 제거한다. 12등분하여 빗모양으로 자른다.

2

프라이팬에 비정제설탕을 넣고 끓인다. 연기가 나면서 녹을 때까지 가열한다.

3

솔덤을 넣고 재빨리 볶다가 브랜디를 넣어 플랑베한다.

4

약한 불에서 팬을 흔들면서 비정제설탕을 녹인다. 전체에 골고루 배어들고 수분이 없어지면 불에서 내린다.

Crème glacée au sucre noir
흑설탕 아이스크림

재료 8인분

우유 lait …… 150g
생크림(유지방 38%) crème liquide …… 100g
버터 beurre …… 37g
달걀노른자 janues d'œufs …… 75g
흑설탕 sucre noir …… 63g

만드는 방법

1

냄비에 우유, 생크림, 버터를 넣고 끓기 직전까지 가열한다.

2

볼에 달걀노른자와 흑설탕을 넣고 섞는다. 온도가 너무 식지 않게 우선 1의 ½을 넣고 섞은 후, 다시 냄비에 옮겨 담고 전체를 섞으면서 83℃까지 가열한다.

3

체에 걸러 볼에 넣은 후, 얼음물이 담긴 볼 위에 얹어 섞으면서 식힌다. 섞으면서 식히지 않으면 버터가 분리된다.

4

냉장고에 하룻밤 넣어둔 후 아이스크림 기계에 넣는다.

Sauce au sucre noir
흑설탕 소스

재료 8인분

흑설탕 sucre noir 125g
물 eau 75g

만드는 방법

1
냄비에 모든 재료를 넣고 끓인
다.

2
그대로 식혀 거품을 제거하고
냉장고에 보관한다.

[조합 + 플레이팅]

재료 마무리용

비정제설탕 cassonade ...... 적당량

1

푀이타주의 가장자리에서 5mm 안쪽에 칼을
집어넣어 바닥까지 닿지 않게 조심하면서
네모나게 도려낸다. 도려낸 단면이 매끈하지
않으면 손으로 눌러 다듬는다.

2

둥근 깍지를 끼운 짤주머니에 커스터드 크림
을 담고 1의 파인 부분에 짜 넣는다. 그 위에
자두잼을 얇게 바른다.

3

그 위에 자두 푸알레 6~7조각을 올리고 설
탕을 뿌린다. 190~200℃로 예열한 오븐에
1~2분 굽는다.

4

접시에 흑설탕 소스로 선을 그리고, 아이스
크림이 미끄러지지 않게 푀이타주 부스러기
를 조금 놓는다.

5

3이 구워지면 흑설탕 소스를 조금 뿌리고
접시에 올린다. 빈 공간에 자두잼을 동그랗
게 담고, 푀이타주 부스러기 위에 럭비공모
양(크넬)의 흑설탕 아이스크림을 올린다.

Figue rotis et brioche toasté, sorbet au fromage blanc

브리오슈와 소르베를 곁들인 무화과 로티

디저트 클래스에서 반드시 배우게 되는 로티.
과일로 로티를 만들면 너무 맛있어서 추천하고 싶은 조리법이다.
로티도 브리오슈도 버터를 듬뿍 넣기 때문에, 바닐라 아이스크림 대신
산뜻한 맛의 프로마주 블랑 소르베를 곁들였다.

Pâte à brioche
브리오슈

재료 10인분(가로 18×세로 7×높이 6cm 빵틀 2개 분량)

박력분 farine faible 150g

강력분 farine forte 100g

달걀 œufs 180g

소금 sel 5g

그래뉴당 sucre semoule 30g

생이스트 levure de boulanger 10g

버터 beurre 200g

강력분(덧가루) farine forte ...... 적당량

스프레이오일 huile ...... 적당량

만드는 방법

1

버터는 2cm 크기로 깍둑썰기하여 냉장고에 넣어 차게 한다. 믹서볼에 박력분, 강력분, 달걀, 소금, 그래뉴당, 생이스트를 넣는다.★

2

저속으로 10분 정도 돌린다. 도중에 후크에 달라붙은 반죽을 스크레이퍼로 떼어내고, 글루텐이 생겨 볼 바닥에 반죽이 붙지 않을 정도까지 믹싱한다.

3

2에 버터를 손으로 으깨 조금씩 넣을 때마다 골고루 섞는다. 모두 섞으면 트레이에 옮겨 담고 비닐랩을 씌워 냉장고에서 1시간 정도 휴지시킨다.

4

작업대에 덧가루를 뿌리고, 스크레이퍼로 반죽을 8등분하여 약 80g씩 분할한 후 둥글린다.

5

가로 18×세로 7×높이 6cm 빵틀 2개의 안쪽에 스프레이오일을 뿌린다. 4의 반죽을 4개씩 넣고 손으로 윗면을 가볍게 눌러 빈 틈 없이 밀착시킨다.

6

비닐랩을 씌우고 30℃ 정도의 따뜻한 곳에 1시간 정도 놓아두어 2배로 부풀 때까지 발효시킨다.

7

160℃로 예열한 오븐에 40분 굽는다. 틀에서 꺼내 식힌 후, 비닐랩을 씌워 냉장고에 하룻밤 넣어둔다.

★ 소금과 생이스트가 직접 닿으면 반죽이 부풀지 않으므로 주의해야 한다.

Crumble
크럼블

재료 만들기 적당한 분량

버터 beurre 30g
슈거파우더 sucre glace 30g
아몬드파우더 amande poudre 30g
박력분 farine faible 30g

만드는 방법

1
버터는 실온에서 부드럽게 만든다. 박력분은 체에 친다.

2
믹서볼에 버터를 넣고 가볍게 풀어 포마드 상태로 만든다. 슈거파우더, 아몬드파우더, 박력분 순서로 넣고 가루가 보이지 않을 때까지 골고루 섞는다.

3
스크레이퍼를 사용하여 덩어리로 뭉친 후, 잣 크기 정도로 떼어 베이킹시트를 깐 오븐팬에 겹치지 않게 올린다. 구울 때 부풀지 않도록 2시간 정도 그대로 두어 건조시킨다.

4
150℃로 예열한 오븐에 15분 굽는다. 오븐팬을 꺼내 그대로 식힌 후 손으로 부순다.

Figue rotis
무화과 로티

★ 무화과는 씻어서 꼭지를 떼고 단단한 부분을 잘라낸다.

재료 5인분

무화과* figue 4개
꿀 miel 50g
레몬즙 jus de citron 17g
바닐라빈 gousse de vanille ...... ⅓개

라즈베리 퓌레
　　　pulpe de framboise 30g
버터 beurre 30g

만드는 방법

1

꿀, 레몬즙, 바닐라빈 씨, 라즈베리 퓌레를 섞는다.

2

속이 깊은 내열용기에 무화과를 넣고 위에 1을 뿌린 후, 버터와 바닐라빈 껍질을 올린다.

3

180℃로 예열한 오븐에 20~30분 굽는다. 10분마다 무화과를 위아래 뒤집으면서 굽는다. 눌러보고 탄력이 느껴질 때까지 굽는다.

4

무화과를 꺼내 식히고, 국물은 냄비에 옮겨 담은 후 걸쭉하게 졸여 소스를 만든다.

Confiture d'orange
오렌지잼

재료 20~25인분

오렌지 oranges 2개
그래뉴당 sucre semoule 400g

만드는 방법

1
오렌지는 껍질째 2번 데치고 꼭지와 씨를 제거하여 채썬다.

2
냄비에 1과 그래뉴당을 넣고 약한 불로 걸쭉하게 조린다.

Sorbet au fromage blanc
프로마주 블랑 소르베

재료 10~12인분

시럽 sirop
  | 물 eau 140g
  | 물엿 glucose 23g
  | 그래뉴당 sucre semoule 30g
A | 프로마주 블랑 fromage blanc 100g
  | 레몬즙 jus de citron 15g
  | 꿀 miel 12g
  | 생크림(유지방 38%) crème liquide 45g

만드는 방법

1
냄비에 시럽재료를 넣고 끓인 후, 그대로 식힌다.

2
볼에 A를 넣고 섞다가 시럽을 넣어 섞는다.

3
아이스크림 기계에 넣는다.

[조합 + 플레이팅]

재료 마무리용

바닐라빈(2번째 사용하는 껍질을 세로로 길게 자른 것) gousse de vanille 1개

민트 menthe ...... 적당량

1

브리오슈를 8㎜ 두께로 슬라이스한 후, 1장에 물기를 가볍게 제거한 오렌지잼을 올리고, 다른 1장의 브리오슈로 덮는다.

2

1을 양면이 살짝 노릇해지도록 굽는다.

3

2를 대각선으로 잘라 삼각형으로 4등분하고, 무화과 로티는 세로로 4등분하여 자른다.

4

접시에 졸인 로티 소스로 원을 그리고 3의 브리오슈를 올린다.

5

무화과 로티를 담고 그 위에 소스를 뿌린 후, 바닐라빈으로 장식한다. 접시의 빈 곳에 크럼블을 올리고 럭비공모양(크넬)의 프로마주 블랑 소르베를 얹고 민트로 장식한다.

Coupe lichi
et rhubarbes

리치와 루바브 쿠프

흰색, 붉은색, 푸른색의 3가지 색을 사용하려고
리치, 루바브, 피스타치오를 선택하였다.
루바브는 딸기와 잘 맞고, 색과 풍미를 더해준다.
리치는 원래 라즈베리와 잘 어울리므로
그와 비슷한 신맛을 지닌 딸기와도 잘 어울린다.
봄, 여름에 추천하고 싶은 산뜻한 디저트.

Rhubarbes pochées

루바브 포셰

재료 15인분

시럽(그래뉴당과 물을 1:1로 끓여 식힌 것) sirop ······ 160g
루바브 rhubarbes ······ 300g
딸기(냉동·통째) fraises ······ 40g

만드는 방법

1
루바브는 섬유질을 제거하고 10㎝ 길이로 자른다.

2
진공팩에 시럽, 루바브, 딸기를 넣고 진공포장기로 팩 속 공기를 뺀다. 80℃로 예열한 스팀 컨벡션 오븐에 15분 가열한다.

3
3을 얼음물에 팩째로 담가 식히고, 냉장고에 하룻동안 넣어 둔다.

Gelée de lichi

리치 젤리

재료 샴페인글라스 5잔 분량(칵테일글라스 6~7잔 분량)

A │ 시럽(그래뉴당과 물을 1:1로 끓여 식힌 것) sirop ······ 100g
  │ 루바브 포셰로 만든 시럽(위 참조) sirop de pochage ······ 35g
판젤라틴 gélatine en feuilles ······ 4g
리치 리큐어 liqueur de lichi ······ 40g
레몬즙 jus de citron ······ 5g

만드는 방법

1

내열볼에 A의 시럽을 넣고 전자레인지에서 45℃ 정도까지 가열한다. 판젤라틴을 얼음물에 담가 부드럽게 불려 물기를 제거한 후 넣어 녹이고, 실온에서 식힌다.

2

1에 리큐어와 레몬즙을 넣고 섞는다. 얼음물이 담긴 볼 위에 얹어 식힌다.

3

샴페인글라스에 약 40g씩 붓고(칵테일글라스는 약 30g), 냉장고에 차게 굳힌다.

Crème de pistache
피스타치오 크림

재료 15인분

우유 lait 125g

생크림(유지방 38%) crème liquide 25g

피스타치오 페이스트(푸가르 사의 제품)

  pâte de pistaches(Fugar) 15g

피스타치오 페이스트(슈퍼그린)

  pâte de pistaches 15g

달걀노른자 janues d'œufse 60g

그래뉴당 sucre semoulee 30g

박력분 farine faiblee 16g

버터 beurree 50g

만드는 방법

1

냄비에 우유, 생크림, 2가지 피스타치오 페이스트를 넣고 섞으면서 끓기 직전까지 가열한다. 2가지 페이스트를 넣으면 색과 맛의 균형이 좋아진다.

2

볼에 달걀노른자와 그래뉴당을 넣고 하얗게 될 때까지 섞다가 박력분을 넣는다.

3

2에 1의 ½을 넣고 섞은 후, 다시 냄비에 옮겨 담고 전체를 섞는다. 중간 불에서 타지 않도록 실리콘주걱으로 계속 저으면서 걸쭉해질 때까지 가열한다.

4

볼에 옮겨 담고 한 김 식힌 후, 버터를 넣고 핸드블렌더로 골고루 섞어 냉장고에 보관한다.

Tuiles
튀일

재료 만들기 적당한 분량

버터 beurre 50g

슈거파우더 sucre glace 50g

달걀흰자 blancs d'œufs 50g

박력분 farine faible 50g

피스타치오(곱게 다진 것) pistaches ...... 조금

만드는 방법

1

버터는 실온에 두었다가 믹서 볼에 넣고 가볍게 풀어 포마드 상태로 만든다.

2

슈거파우더, 달걀흰자, 박력분 순서로 넣고 계속 섞는다.

3

베이킹시트를 깐 오븐팬에 2를 팔레트나이프로 얇게 펴서 가늘고 긴 잎모양을 만든다. 피스타치오를 뿌린다.

4

160℃로 예열한 오븐에 15분 굽는다. 한 김 식힌 후, 따뜻할 때 세르클틀 옆면에 감아 휜 모양을 만들고 식힌다.

Sorbet au yaourt
요거트 소르베

재료 20인분

시럽 sirop

   물 eau 175g

   물엿 glucose 25g

   그래뉴당 sucre semoule 75g

A | 요거트 yaourt 125g

   | 레몬즙 jus de citron 18g

   | 꿀 miel 15g

   | 생크림(유지방 38%) crème liquide 25g

만드는 방법

1
냄비에 시럽재료를 넣고 끓인 후 식힌다.

2
볼에 A를 합치고, 차가운 시럽을 넣어 섞는다.

3
아이스크림 기계에 넣는다.

[조합 + 플레이팅]

재료 마무리용

리치* lichi ...... 적당량

크럼블 crumble ...... 적당량

*   마무리용 리치는 껍질과 씨를 제거한 후, 먹기 좋게 빗모양으로 썬다.

1

둥근 깍지를 끼운 짤주머니에 피스타치오 크림을 담고 리치 젤리를 굳힌 글라스에 1㎝ 높이로 짠다.

2

루바브 포셰는 물기를 닦고 7㎜ 너비로 잘라 1 위에 올린다.

3

글라스 테두리를 따라 리치를 올린다. 리치 가운데의 빈 공간에 크럼블을 담는다.

4

럭비공모양(크넬)의 요거트 소르베를 올리고 튀일을 장식한다.

Macaron

말차와 복숭아 마카롱

최근 들어 일본에서도 대중화된 마카롱.
다른 곳에서는 맛볼 수 없는 마카롱을 만들고 싶어
고심한 끝에 만든 2종류의 마카롱이다. 여름철 복숭아로는
레스토랑 디저트답게 신선한 느낌의 마멀레이드를 만들었고,
말차 반죽에는 진한 화이트초콜릿을 조합하여
동양과 서양의 맛이 어우러지게 했다.

Pâte macaron _ maccha
마카롱 반죽(말차)

재료 약 25개 분량

A | 아몬드파우더 amande poudre 100g
　| 슈거파우더 sucre glace 100g
　| 말차 poudre thé vert 9g
　달걀흰자 blancs d'œufs 42g

B | 달걀흰자 blancs d'œufs 40g
　| 시럽 sirop
　|　| 그래뉴당 sucre semoule 100g
　|　| 물 eau 25g

만드는 방법

1
A는 전날 체에 쳐서 합쳐 둔다.

2
볼에 1과 달걀흰자를 넣고 스크레이퍼로 반죽해 페이스트 상태로 만든다.

3
이탈리안 머랭을 만든다. 믹서볼에 B의 달걀흰자를 넣고 거품을 내 단단한 머랭을 만든다. 작은 냄비에 시럽재료를 넣고 118℃까지 가열한 후, 머랭에 넣으면서 섞는다. 한 김 식으면 조금씩 속도를 줄인다.

4
2의 가운데에 3의 이탈리안 머랭을 조금씩 넣으면서 계속 섞는다. 부드러워지면 전체를 잘 섞는다.

5
스크레이퍼의 면으로 반죽을 치대 거품을 없앤다(마카로나주). 반죽이 부드러워지고, 들었을 때 천천히 떨어지는 정도가 되어야 한다.

6
짤주머니에 둥근 깍지를 끼우고 5를 담은 후, 베이킹시트를 깐 오븐팬에 지름 3㎝ 정도의 돔모양으로 짠다.

7
오븐팬 바닥을 가볍게 두들겨 짤주머니로 짠 자국을 없앤다. 그대로 30분 두고 손으로 만졌을 때 묻어나지 않도록 건조시킨다.

8
145℃로 예열한 오븐에 8분 굽는다. 중간에 오븐팬의 앞뒤를 한 번 돌려 넣는다. 구운 후에 그대로 식힌다.

Crème au beurre
버터 크림

재료 약 25개 분량

화이트초콜릿 couverture blanc 120g
생크림(유지방 38%) crème liquide 85g
소금 sel 2g
탈지분유 poudre de lait 5g
연유 lait concentré 100g

달걀노른자 blanc d'œufs 100g
그래뉴당 sucre semoule 100g
물 eau 25g
버터 beurre 300g

만드는 방법

1
화이트초콜릿을 중탕으로 녹인다.

2
냄비에 생크림, 소금, 탈지분유, 연유를 넣고 가열한다. 끓으면 1의 화이트초콜릿을 넣어 가나슈를 만든다.

3
파트 아 봉브를 만든다. 볼에 달걀노른자를 넣고 하얗고 폭신하게 거품을 낸다. 냄비에 그래뉴당과 물을 넣고 가열하여 121℃가 되면 볼 가장자리에 조금씩 흘려 넣어 달걀노른자와 섞는다.

4
한 김 식을 때까지 계속 섞어 전체가 어느 정도 단단해지면 2의 가나슈와 합친다. 한 김 식혀 따뜻할 때 버터를 넣고 섞는다.

Pâte macaron _ pêche
마카롱 반죽(복숭아)

재료 약 25개 분량

A | 아몬드파우더 amande poudre 125g
  | 슈거파우더 sucre glace 125g
달걀흰자 blancs d'œufs 45g

B | 달걀흰자 blancs d'œufs 50g
  | 시럽 sirop
  | | 그래뉴당 sucre semoule 125g
  | | 물 eau 30g
붉은 색소 colorant rouge ...... 조금

만드는 방법

1
A는 전날 체에 쳐서 합쳐 둔다.

2
볼에 1과 달걀흰자를 넣고 스크레이퍼로 반죽해 페이스트 상태로 만든다.

3
이탈리안 머랭을 만든다. 믹서 볼에 B의 달걀흰자를 넣고 거품을 내 단단한 머랭을 만든다. 작은 냄비에 시럽재료를 넣고 118℃까지 가열한 후, 머랭을 넣으면서 섞는다. 한 김 식으면 속도를 조금씩 줄이고 색소를 넣어 섞는다.

4
2의 가운데에 3의 이탈리안 머랭을 조금씩 넣으면서 계속 섞는다. 부드러워지면 전체를 잘 섞는다.

5
스크레이퍼의 면으로 반죽을 치대 거품을 없앤다(마카로나주). 반죽이 부드러워지고, 들었을 때 천천히 떨어지는 상태가 되어야 한다.

6
짤주머니에 둥근 깍지를 끼우고 5를 담은 후, 베이킹시트를 깐 오븐팬에 지름 3㎝ 정도의 돔모양으로 짠다.

7
오븐팬 바닥을 가볍게 두들겨 짤주머니로 짠 자국을 없앤다. 그대로 30분 두고 손으로 만졌을 때 묻어나지 않도록 건조시킨다.

8
140℃로 예열한 오븐에 10분 굽는다. 중간에 오븐팬의 앞뒤를 한 번 돌려 넣는다. 구운 후에 그대로 식힌다.

Marmelade _ pêche
복숭아 마멀레이드

재료 약 25개 분량

복숭아(껍질과 씨를 제거한 것) pêche 300g
그래뉴당 sucre semoule 20g
레몬즙 jus de citron 15g
바닐라빈 gousse de vanille ...... ½개

그래뉴당 sucre semoule 15g
펙틴 NH pectine NH 3g
버터 beurre 70g

만드는 방법

1
냄비에 잘게 자른 복숭아, 그래뉴당, 레몬즙, 바닐라빈 씨를 넣고 가열한다. 수분이 거의 없어질 때까지 조린다.

2
그래뉴당과 펙틴을 골고루 섞은 후, 1에 넣고 섞는다. 한소끔 끓으면 불에서 내리고 실온에서 식힌다.

3
버터를 실온에서 부드럽게 한 후, 2에 넣고 거품기로 골고루 섞는다. 냉장고에 보관한다.

Soupe de melon, sorbet porto et cake fromage blanc

프로마주 블랑 케이크를 곁들인
멜론 수프와 포트와인 소르베

〈브누아(Benoit)〉에서 일할 때, 프랑스 셰프로부터 프랑스에서는
멜론을 반으로 갈라 씨 부분을 움푹 파내고 포트와인을 넣어 먹었다고 배웠다.
그 조합을 기본으로 하여 푸른색과 붉은색 2가지 멜론으로 층을 만들고,
포트와인 소르베와 큐브를 올려 컬러풀하게 완성하였다.

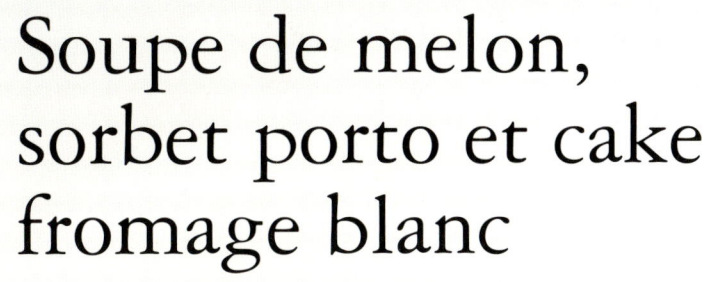

Gelée de melon vert
머스크멜론 젤리

재료 높이 12cm 칵테일글라스 6~7인분

A │ 머스크멜론(껍질과 씨를 제거한 것) melon vert 180g
　│ 포트와인(화이트) porto blanc 20g
그래뉴당 sucre semoule 15g
겔화제(펄아가)* Pearlagar 4g
B │ 머스크멜론(껍질과 씨를 제거한 것) melon vert 120g
　│ 포트와인(화이트) porto blanc 10g

＊ 액체를 젤리 상태로 굳히는 물질.
응고제라고도 한다.

만드는 방법

1

볼에 A를 넣고 핸드블렌더로 갈아 주스를 만든다.

2

냄비에 옮겨 담고, 실리콘주걱으로 섞으면서 데워 멜론의 효소를 분해한다.

3

그래뉴당과 겔화제를 합쳐 2에 섞은 후, 볼에 옮겨 담고 얼음물이 담긴 볼 위에 얹어 식힌다.

4

큼직하게 자른 B의 멜론과 포트와인을 넣고 핸드블렌더로 골고루 섞는다. 칵테일글라스의 ⅓ 높이까지 채우고 냉장고에 식혀 굳힌다.

Soupe au melon rouge
레드멜론 수프

재료 높이 12cm 칵테일글라스 4~5인분

레드멜론(껍질과 씨를 제거한 것) melon rouge 200g
소금 sel 1.5g

만드는 방법

1
볼에 큼직하게 자른 멜론과 소금을 넣고, 핸드블렌더로 갈아 수프 상태로 만든다.

Sorbet porto
포트와인 소르베

재료 15~20인분

A | 포트와인(레드) porto rouge 200g
  | 물 eau 200g
  | 물엿 glucose 50g

그래뉴당 sucre semoule 80g
안정제(비도픽스*) améliorant(Vidofix) 5g

B | 레드멜론(껍질과 씨를 제거한 것) melon rouge 150g
  | 포트와인(레드) porto rouge 40g
  | 레몬즙 jus de citron 25g

★ 대표적인 빙과용 안정제로, 구아
라고 하는 식물의 씨앗에서 추출
한 물질이 주원료. 소르베나 아이
스크림에 넣으면 얼음결정이 굵
어지는 것을 방지하고, 식감을 부
드럽게 완성할 수 있다.

만드는 방법

1
냄비에 A를 넣고 섞으면서 가열
한다.

2
그래뉴당과 안정제를 골고루
섞은 후, 1에 넣고 섞는다. 한소
끔 끓으면 볼에 옮겨 담고, 얼음
물이 담긴 볼 위에 얹어 식힌다.

3
2에 B를 넣고 핸드블렌더로 섞
는다.

4
아이스크림 기계에 넣는다.

Cube porto
포트와인 큐브

재료 15~20인분

포트와인(레드) porto rouge 150g
포트와인(화이트) porto blanc 30g
그래뉴당 sucre semoule 22g
판젤라틴 gélatine en feuilles 6g
레몬즙 jus de citron 15g

만드는 방법

1
판젤라틴을 얼음물에 담가 부
드럽게 불린다.

2
냄비에 2종류의 포트와인과 그
래뉴당을 넣고 끓기 직전까지
데운 후, 물기를 제거한 판젤라
틴을 넣어 녹인다. 볼에 옮겨 담
고, 얼음물이 담긴 볼 위에 얹
어 식힌다.

3
2에 레몬즙을 넣고, 사각틀에
부어 냉장고에서 굳힌다.

4
1cm 크기로 깍둑썰기한다.

Cake fromage blanc

프로마주 블랑 케이크

재료 15인분

달걀 œufs 180g

그래뉴당 sucre semoule 75g

레몬 제스트 zeste de citron râpé ...... ½개 분량

박력분 farine faible 90g

옥수수 전분 maïzena 10g

베이킹파우더 levure chimique 2g

프로마주 블랑 fromage blanc 140g

스프레이오일 huile ...... 적당량

만드는 방법

1

박력분, 옥수수 전분, 베이킹파우더를 체에 쳐서 합친다.

2

제누아즈 반죽을 만든다. 믹서 볼에 달걀, 그래뉴당, 레몬 제스트를 넣고 고속으로 돌린다. 거품이 생기면 저속으로 줄여 뿔이 뾰족하게 생길 때까지 휘핑한다. 프로마주 블랑이 가라앉지 않도록 단단해야 한다.

3

2에 1을 넣고 거품이 꺼지지 않게 실리콘주걱으로 재빨리 섞는다. 다른 볼에 담아둔 프로마주 블랑의 일부를 넣고 섞는다.

4

제누아즈 반죽이 든 볼에 나머지 프로마주 블랑을 넣고 골고루 섞는다.

5

지름 4㎝ 반구형 실리콘틀에 스프레이오일을 뿌리고 4를 짤주머니에 담아 80% 정도 짜 넣는다. 틀을 바닥에 몇 번 두들겨 표면을 평평하게 다듬는다.

6

180℃로 예열한 오븐에 15분 굽는다. 한 김 식으면 틀에서 빼낸다.

[조합 + 플레이팅]

재료 마무리용

레드멜론(7mm 크기로 깍둑썰기한 것) melon rouge ...... 적당량

슈거파우더 sucre glace ...... 적당량

민트 menthe ...... 적당량

1

머스크멜론 젤리를 굳힌 칵테일글라스에 마무리용 레드멜론을 담는다.

2

레드멜론 수프를 붓는다.

3

포트와인 큐브를 4개 정도 올린다.

4

접시에 프로마주 블랑 케이크를 2개 담고 슈거파우더를 뿌린다.

5

접시에 **3**을 올리고, 그 위에 럭비공모양(크넬)의 만든 포트와인 소르베를 올린 후 민트로 장식한다.

Terrine de figue pochée, glace au Grand-marnier

그랑 마르니에 아이스크림을 곁들인 무화과 테린

무화과는 다양한 디저트에 사용하기 좋은 재료.
우선 떠오른 아이디어는 무화과와 팽 데피스(Pain d'épices)의 조합이다.
이 둘은 궁합이 매우 좋고, 프랑스 요리에서도 자주 사용한다.
향신료 역할을 하는 팽 데피스와 그랑 마르니에 아이스크림을 조합하여
어른이 즐기는 맛으로 만들었다 .

Compote de figue
무화과 콩포트

재료 8인분

물　eau　······ 100g
그래뉴당　sucre semoule　······ 50g
바닐라빈　gousse de vanille　······ ⅓개

라즈베리(냉동·통째)　framboise　······ 20g
무화과　figues　······ 5개

만드는 방법

1
냄비에 물, 그래뉴당, 바닐라빈씨, 라즈베리를 넣고 가열하여 한소끔 끓인다. 체에 걸러 볼에 넣고, 얼음물이 담긴 볼 위에 얹어 식힌다.

2
진공팩에 1의 시럽과 무화과를 넣고 진공포장기로 팩 안의 공기를 뺀다.

3
90℃의 스팀 컨벡션 오븐에 약 5분 가열한다.

4
3을 얼음물에 팩째 담가 식힌다. 냉장고에 하룻동안 넣어둔다.

Terrine de figue
무화과 테린

재료 8인분

A ┌ 무화과 콩포트에서 나온 시럽(위 참조)
　│　　sirop de pochage　······ 150g
　│ 블랙커런트 퓌레　pulpe de cassis　······ 16g
　│ 오렌지주스　jus d'orange　······ 15g
　└ 그래뉴당　sucre semoule　······ 20g

판젤라틴　gélatine en feuilles　······ 20g
무화과 콩포트(위 참조)
　　compote de figue　······ 5개

만드는 방법

1
냄비에 A를 넣고 가열하다, 얼음물에 불려 물기를 제거한 판젤라틴을 넣어 녹인다. 볼에 옮겨 담고, 얼음물이 담긴 볼 위에 얹어 식히면서 걸쭉해질 때까지 섞는다.

2
무화과 콩포트는 꼭지를 떼고 8등분하여 빗모양으로 썬다.

3
가로 18×세로 7×높이 7cm 크기의 직사각형틀 안쪽에 분무기로 물을 뿌리고, 꺼내기 쉽게 비닐랩을 밀착시켜 씌운다.

4

틀 바닥에 **1**을 조금 붓는다.

5

2의 무화과를 나란히 담고, **1**의 액체를 자작하게 부은 후 냉장고에서 굳힌다.

6

액체가 단단해지면 **5**를 4번 반복하여 모두 5개의 층을 만든다. 두꺼운 부분(무화과의 바깥쪽)과 얇은 부분(무화과의 안쪽)을 위아래로 번갈아 쌓는다.

7

냉장고에서 1시간 정도 굳힌다.

Pain d'épices
팽 데피스

재 료 16인분(가로 18×세로 7×높이 7cm 틀 2개 분량)

A   강력분 farine forte 98g
    호밀가루 farine de seigle 70g
    베이킹파우더 levure chimique 11g
    그래뉴당 sucre semoule 33g
    소금 sel 3g
    카트르에피스* quatre épice 2g
    시나몬파우더 cannelle poudre 2g
    레몬 제스트 zeste de citron râpé ...... ½개 분량
    오렌지 제스트 zeste d'orange râpé ...... ½개 분량
    꿀 miel 150g
    달걀 œufs 110g

우유 lait 75g
녹인 버터 beurre fondu 60g

* 후추, 넛맥, 정향, 시나몬을 합친 향신료. 시나몬 대신 생강을 사용하기도 한다.

만드는 방법

1

믹서볼에 A를 모두 넣고 돌린다. 중간에 우유를 조금씩 넣으면서 섞은 후, 마지막에 녹인 버터를 넣는다.

2

베이킹시트를 깐 가로 18×세로 7×높이 7cm 틀에 **1**을 붓는다(틀 1개당 300g).

3

160℃로 예열한 오븐에 30분 굽는다. 틀에서 빼내 식히고 하룻동안 그대로 둔다. 꼬치 등으로 찔렀을 때 묻어나지 않으면 완성.

Crème glacée Grand-marnier
그랑 마르니에 아이스크림

재료 8인분

우유 lait 400g

생크림(유지방 38%) crème liquide 160g

오렌지 제스트 zeste d'orange râpé ...... 1개 분량

달걀노른자 janues d'œufs 96g

그래뉴당 sucre semoule 50g

탈지분유 poudre de lait 30g

그랑 마르니에 Grand-marnier 50g

만드는 방법

1
냄비에 우유, 생크림, 오렌지 제스트를 넣고 끓기 직전까지 가열한다.

2
볼에 달걀노른자와 그래뉴당을 넣고 하얗게 될 때까지 섞다가 탈지분유를 넣는다.

3
온도가 너무 식지 않게 우선 1의 ½을 2에 넣고 섞은 후, 다시 냄비에 옮겨 담아 전체를 섞으면서 83℃까지 가열한다. 그 이상으로 올라가면 달걀이 익으므로 주의한다.

4
볼에 옮겨 담고, 얼음물이 담긴 볼 위에 얹어 버터가 분리되지 않도록 섞으면서 식힌다.

5
그랑 마르니에를 넣고 냉장고에 하룻밤 넣어둔다.

6
아이스크림 기계에 넣는다.

Marmelade de figue
무화과 마멀레이드

재료 만들기 적당한 분량

무화과(반건조) figue demi-sec 320g

오렌지주스(100%) jus d'orange 160g

만드는 방법

1
모든 재료를 핸드블렌더로 섞어 페이스트 상태로 만든다. 냉장고에 보관한다.

Sauce de cassis
블랙커런트 소스

재 료 만들기 적당한 분량

블랙커런트 퓌레   pulpe de cassis   ⋯⋯ 220g
시럽(당도 30도)   sirop à 30°B   ⋯⋯ 40g

만드는 방법

1
블랙커런트 퓌레와 시럽을 골고
루 섞는다. 냉장고에 보관한다.

[조합 + 플레이팅]

재 료 마무리용

무화과(8등분하여 빗모양으로 자른 것)
　　figue   ⋯⋯ 적당량
오렌지 카르티에
　　quartiers d'orange   ⋯⋯ 적당량
라즈베리   framboise   ⋯⋯ 적당량
민트잎   feuille de menthe   ⋯⋯ 적당량
바닐라빈(2번째 사용하는 껍질)
　　gousse de vanille   ⋯⋯ 적당량

1
팽 데피스는 위아래의 노릇한 부분을 잘라
낸 후, 1㎝ 두께로 슬라이스한다. 1장에 무
화과 마멀레이드를 골고루 바르고, 다른 1장
으로 덮는다.

2
노릇하게 구워진 옆면을 모두 잘라낸 후, 긴
쪽을 2등분한 후, 짧은 쪽을 3등분(약 2㎝
너비)으로 자른다.

3
무화과 테린도 **2**처럼 사각형 옆면을 잘라내
고 긴 쪽을 2등분한 후, 짧은 쪽을 4등분한
다(약 1.5㎝ 너비). 한쪽 면(비교적 깔끔하지 않
은 쪽)에 블랙커런트 소스를 바른다.

4
접시 오른쪽에 팽 데피스를 올리고, 가운데
에 오렌지 카르티에와 8등분하여 빗모양으
로 자른 무화과를 교대로 올린다. 라즈베리
를 올리고 민트잎을 장식한다.

5
소스를 바른 면이 아래로 가도록 **3**을 왼쪽
앞에 놓는다. 팽 데피스 위에 럭비공모양(크
넬)의 그랑 마르니에 아이스크림을 올리고,
바닐라빈을 장식한다.

Panier de fruits et bavaroise au thé darjiling

다르질링 바바루아를 곁들인 과일 파니에

가을, 겨울의 웨딩용으로 만든 디저트.
캐러멜 튀일로 파니에(바구니)을 만들고,
그 안에 과일을 넣었다.
여기서는 감귤류를 넣지만, 가을에는
사과나 서양배도 좋다.
부드러운 바바루아 위에 쌓아올릴 수 있게
바바루아를 초콜릿으로 코팅하여
강도를 높였다.

Bavaroise au thé darjiling
다르질링 바바루아

재 료 약 12인분

우유   lait 200g

홍차잎(다르질링)   thé darjiling 16g

달걀노른자   janues d'œufs 36g

그래뉴당   sucre semoule 55g

판젤라틴   gélatine en feuilles 5g

프란젤리코   Frangelico 15g

생크림(유지방 38%)   crème liquide 150g

화이트초콜릿   couverture blanc   ...... 적당량(스프레이용 포함)

만드는 방법

1

냄비에 우유를 넣고 가열한다. 끓으면 불을 끄고 홍차잎을 넣은 후, 비닐랩(덮개)을 씌우고 2~3분 향을 우려낸다.

2

볼에 달걀노른자와 그래뉴당을 넣고 하얗게 될 때까지 섞는다.

3

온도가 너무 식지 않게 우선 **1**의 ⅓을 **2**에 넣고 섞은 후, 다시 냄비에 옮겨 담고 전체를 섞으면서 83℃까지 가열한다. 그 이상으로 올라가면 달걀이 익으므로 주의한다.

4

3을 체에 걸러 볼에 담고, 홍차잎을 실리콘주걱으로 눌러서 짠다.

5

얼음물에 불려 물기를 제거한 판젤라틴을 넣고, 얼음물이 담긴 볼 위에 얹어 거품기로 섞으면서 식힌다.

6

프란젤리코를 넣고 80% 정도 거품을 낸 생크림을 3번에 나누어 넣은 후, 실리콘주걱으로 거품이 꺼지지 않도록 재빨리 섞는다.

7

짤주머니에 **6**을 담고 지름 6.5㎝ 엔젤틀에 짜 넣은 후, 틀을 살짝 몇 번 떨어뜨려 기포를 없앤다.

8

지름 6㎝, 두께 1㎜ 크기의 원형 화이트초콜릿을 덮어 냉동실에서 굳힌다. 틀에서 분리하고 화이트초콜릿을 스프레이로 뿌린다.

Crème glacée au thé darjiling
다르질링 아이스크림

재료 30인분

우유 lait 450g

생크림(유지방 38%) crème liquide 150g

홍차잎(다르질링) thé darjiling 18g

달걀노른자 janues d'œufs 90g

그래뉴당 sucre semoule 130g

탈지분유 poudre de lait 10g

만드는 방법

1

냄비에 우유와 생크림을 넣고 가열한다. 끓으면 불을 끄고 홍차잎을 넣은 후, 비닐랩(덮개)을 씌워 2~3분 향을 우려낸다.

2

볼에 달걀노른자, 그래뉴당, 탈지분유를 넣고 하얗게 될 때까지 섞는다. 온도가 너무 식지 않게 우선 1의 ½을 넣고 섞은 후, 다시 냄비에 옮겨 담고 전체를 섞으면서 83℃까지 가열한다. 그 이상으로 올라가면 달걀이 익으므로 주의한다.

3

2를 체에 걸러 볼에 담고, 얼음물이 담긴 볼 위에 얹어 식힌다. 아이스크림 기계에 넣는다.

Sablé aux amandes
아몬드 사블레

재료 30인분

버터 beurre 80g

그래뉴당 sucre semoule 60g

소금 sel 1g

달걀노른자 janues d'œufs 20g

아몬드파우더 amande poudre 50g

박력분 farine faible 160g

만드는 방법

1

실온에서 부드러워진 버터를 믹서볼에 넣고 가볍게 풀어 포마드 상태로 만든다.

2

그래뉴당, 소금을 넣고 섞는다. 믹서에서 분리하여 달걀노른자를 넣고 다시 믹서로 섞는다.

3

체에 친 아몬드파우더, 박력분을 순서대로 넣고 섞는다.

4

3의 반죽을 뭉쳐 베이킹시트 사이에 넣고, 밀대로 2㎜ 두께로 민다.

5

냉장고에 30분 정도 넣어둔다.

6

휴지시킨 반죽을 지름 6㎝ 세르클틀로 찍어 베이킹시트를 깐 오븐팬에 올린다.

7

150℃로 예열한 오븐에 15분 굽는다. 그대로 식힌다.

Tuiles au caramel

캐러멜 튀일

재료 20인분

A | 버터   beurre 100g
  | 물엿   glucose 50g
  | 물   eau 50g

그래뉴당   sucre semoule 150g
펙틴 NH   pectine NH 3g

만드는 방법

1
냄비에 A를 넣고 섞으면서 가열한다.

2
그래뉴당과 펙틴을 잘 섞은 후, 1에 넣고 한소끔 끓인다.

3
용기에 옮겨 담고 한 김 식힌 후, 냉장고에 하룻밤 넣어둔다.

4
베이킹시트를 깐 오븐팬에 지름 8cm 세르클틀을 나란히 올리고 3의 반죽을 7g씩 담은 후, 180℃로 예열한 오븐에 15분 굽는다.

5
반죽이 따뜻할 때 틀에서 분리한 후, 한 사이즈 작은 틀에 넣고 그대로 식혀 컵모양을 만든다.

Sauce au caramel

캐러멜 소스

재료 만들기 적당한 분량

그래뉴당   sucre semoule 200g
오렌지주스   jus d'orange 100g

만드는 방법

1
냄비에 그래뉴당을 넣고 가열하여 캐러멜 상태로 졸인다. 오렌지주스를 넣어 묽게 만든다.

[조합 + 플레이팅]

재료 마무리용

크럼블 crumble ······ 적당량

감귤류 카르티에(핑크 자몽, 자몽, 오렌지 등) quartiers d'agrumes ······ 적당량

자몽 콩피 confit de pomelos ······ 적당량

오렌지 칩 chips d'orange ······ 적당량

민트잎 feuille de menthe ······ 적당량

1

컵모양으로 굳힌 캐러멜 튀일 안에 크럼블을 담는다.

2

감귤류 카르티에와 얇게 썬 자몽 콩피를 올린다.

3

아몬드 사블레는 미끄러지지 않게 한쪽 면에 캐러멜 소스를 바른 후, 바른 면이 아래로 가게 접시 가운데에 올린다. 그 위에 다르질링 바바루아를 올린다.

4

둘레에 캐러멜 소스로 원을 그린다.

5

3의 바바루아 위에 2를 올린다.

6

럭비공모양(크넬)의 다르질링 아이스크림을 얹고, 오렌지 칩과 민트잎을 장식한다.

Clafouti aux prunes
et sorbet au lait poivré

후추향 우유 소르베를 곁들인
자두 클라푸티

클라푸티는 내가 매우 좋아하는 디저트 중 하나.

학교 수업이나 레스토랑에서 자주 만드는 메뉴이다.

후추맛 소르베는 자두에 후추를 조합하였다.

심플한 단맛이 돋보이는 디저트.

Clafouti aux prunes
자두 클라푸티

1. 브리제 반죽 pâte brisée

재료 지름 8㎝(윗부분) 타르트틀 8개 분량

버터 beurre 80g

박력분 farine faible 125g

소금 sel 3g

A │ 물 eau 10g
 │ 우유 lait 10g

달걀물 dorure ...... 조금

강력분(덧가루용) farine forte ...... 적당량

만드는 방법

1

잘게 자른 버터, 체에 친 박력분, 소금을 볼에 넣고 냉장고에 넣어 차게 한다.

2

믹서볼에 1을 넣고 보슬보슬하게 섞는다.

3

A를 섞어 합친 후, 2에 조금씩 넣으면서 어느 정도 뭉칠 때까지 섞는다. 너무 많이 섞으면 글루텐이 생겨 단단해지므로 주의한다.

4

볼에서 반죽을 꺼내 비닐랩으로 감싸고 밀대를 사용하여 직사각형으로 민 후, 냉장고에서 30분~1시간 정도 휴지시킨다.

5

덧가루를 뿌리고, 밀대로 반죽을 두들겨 긴 직사각형으로 만든 후, 3겹으로 접는다.

6

반죽을 90도 돌려서 5의 작업을 한 번 더 반복한다. 밀대로 반죽을 밀어 모양을 다듬은 후, 비닐랩으로 감싸 다시 냉장고에서 30분~1시간 정도 휴지시킨다.

7

밀대로 반죽을 2~3㎜ 두께로 밀고, 지름 10㎝ 세르클틀로 찍어낸다.

8

지름 8㎝(윗부분) 타르트틀에 반죽을 올린 후, 엄지손가락으로 가볍게 누르면서 공기가 들어가지 않게 틀에 단단히 붙인다.

9	10	11	12

구울 때 줄어들지 않게 반죽을 틀 가장자리에 걸친 후, 칼 끝을 위로 향해 여분의 반죽을 잘라 낸다. 누름돌(팥) 자국이 남지 않게 냉장고에 넣어 차게 한다.	반죽 위에 베이킹시트를 깔고 말린 팥*을 담아 190℃로 예열한 오븐에 20분간 굽는다.	팥과 베이킹시트를 제거하고 조금 노릇해질 때까지 7~8분 굽는다.	오븐에서 꺼내 표면에 달걀물을 바른 후, 다시 오븐에 넣어 표면을 건조시킨다.

* 타르트 스톤은 반죽이 들러붙을 수 있으므로 여기서는 팥을 사용한다.

2. 아파레유 appareil

재료 8인분

달걀 œufs 15g
달걀노른자 janues d'œufs 15g
그래뉴당 sucre semoule 30g
박력분 farine faible 7g

우유 lait 112g
생크림(유지방 47%) crème liquide 13g
녹인 버터 beurre fondu 8g

만드는 방법

1	2	3

볼에 달걀과 달걀노른자를 합치고, 그래뉴당을 넣어 섞는다. 박력분을 넣고 거품기로 골고루 섞는다.	체온(36℃) 정도로 데운 우유와 생크림을 1에 섞은 후, 녹인 버터를 넣고 섞는다.	2를 체에 걸러 볼에 담는다.

3. 자두 캐러멜리제 prunes caramélisées

재료 12~15인분

솔덤 prunes 4개
비정제설탕 cassonade 25g
브랜디 eau-de-vie 10g

만드는 방법

1

프라이팬에 비정제설탕을 넣고 녹인다. 연기가 조금 날 때까지 가열한다.

2

씨를 제거하고 8등분하여 빗모양으로 자른 솔덤(큰 것은 12등분)을 넣고 프라이팬을 앞뒤로 흔들면서 전체를 버무린다.

3

브랜디를 부어 플랑베하고, 윤기가 나면 트레이에 넓게 펼쳐서 식힌다.

4. 마무리(플레이팅 전)

재료 12~15인분

아몬드파우더 amande poudre ...... 적당량
아몬드 슬라이스 amandes effilées torréfiées ...... 적당량
슈거파우더(데코 스노) sucre glace(poudre decor)* ...... 적당량

★ 수분이 많은 경우에 뿌려도 잘 녹지 않는 데코레이션용 슈거파우더. 스노 화이트라고도 한다.

만드는 방법

1

브리제 반죽 바닥에 아몬드파우더를 깐다.

2

자두 캐러멜리제를 3~4개씩 나란히 올린다.

3

아파레유를 저으면서 브리제 반죽에 넘치지 않게 붓는다.

4

아몬드 슬라이스를 뿌리고, 140℃로 예열한 오븐에 15분 굽는다.

5

틀에서 꺼내 한 김 식힌 후, 슈거파우더를 뿌린다.

Marmelade aux prunes
자두 마멀레이드

재 료 만들기 적당한 분량

자두(씨를 제거한 것) prunes ······ 230g
솔덤(씨를 제거한 것) prunes ······ 230g
그래뉴당 sucre semoule ······ 20g
비정제설탕 cassonade ······ 20g
그래뉴당 sucre semoule ······ 15g
펙틴 NH pectine NH ······ 2g

만드는 방법

1
자두와 솔덤을 5㎜ 크기로 깍둑썰기한다.

2
냄비에 1, 그래뉴당 20g, 비정제설탕을 가열한다. 전체 양이 ½로 줄어들 때까지 조린다.

3
그래뉴당과 펙틴을 합쳐 2에 넣고 섞는다. 한소끔 끓으면 불을 끄고 식힌다.

Sorbet au lait
흑후추 풍미의 우유 소르베

재 료 15인분

우유 lait ······ 400g
연유 lait concentré sucré ······ 100g
물엿 glucose ······ 60g
굵은 흑후추 poivre noir ······ 1g
생크림(유지방 38%) crème liquide ······ 100g
소금(플뢰르 드 셀)* sel(fleur de sel) ······ 1.5g
자두 마멀레이드(위 참조) marmelade aux prunes ······ 적당량

만드는 방법

1
냄비에 우유, 연유, 물엿, 흑후추를 넣고 가열한다. 연유와 물엿이 녹으면 볼에 옮겨 담고, 얼음물이 담긴 볼 위에 얹어 식힌다.

2
생크림을 1에 넣은 후, 아이스크림 기계에 넣는다.

3
소르베가 완성되면 소금을 섞는다.

4
냉장고에서 차게 한 트레이 또는 볼에 소르베를 옮겨 담는다. 자두 마멀레이드를 섞어 마블 상태로 만든 후, 냉동실에 보관한다.

Sauce aux prunes
자두 소스

재료 만들기 적당한 분량

자두(씨를 제거한 것) prunes ...... ½개
자두 마멀레이드 marmelade aux prunes ...... 자두와 같은 양
시럽(그래뉴당과 물을 1:1로 끓여 식힌 것) sirop ...... 조금

만드는 방법

1
볼에 모든 재료를 넣고 핸드블
렌더로 간 후 체에 거른다.

[조합 + 플레이팅]

재료 마무리용

크럼블 crumble ...... 적당량

1
접시에 자두 소스로 선을 그리고, 소르베를
놓을 위치에 크럼블을 조금 담는다.

2
자두 클라푸티를 놓고, 럭비공모양(크넬)의
우유 소르베를 올린다.

Soupe de pêche, parfum au thé vert et sorbet fromage blanc

말차향 복숭아 수프와 프로마주 블랑 소르베

여름이 제철인 복숭아를 사용한 디저트.

식욕이 떨어지는 계절이므로 간편하게 먹을 수 있는 수프로 만들었다.

말차를 넣은 갈분떡(칡녹말로 만든 화과자)과 복숭아의 좋은 궁합이 생각나

식감을 즐길 수 있게 말차 경단을 조합하였다.

산뜻한 디저트가 되도록 소르베도 프로마주 블랑을 사용하였다.

Soupe de pêche
복숭아 수프

재료 4~5인분

백도(완숙) pêche blanche 1개
시럽 sirop

| 물 eau 50g
| 그래뉴당 sucre semoule 10g
| 레몬즙 jus de citron 10g
| 레드커런트 퓌레 pulpe de groseille 40g

만드는 방법

1

복숭아 포셰를 만든다(p.89 참조). 시럽을 만들어 차게 식힌 복숭아와 함께 진공팩에 넣어 가열한다(80℃로 약 40분).

2

디저트를 조합하기 직전에 **1**로 수프를 만든다. 복숭아 포셰의 껍질과 씨를 제거하고, 적당한 크기로 자른다.

3

2를 포셰 시럽과 함께 볼에 담아 핸드블렌더로 섞는다.

Sorbet au fromage blanc
프로마주 블랑 소르베

재료 7~8인분

시럽 sirop

| 그래뉴당 sucre semoule 30g
| 물 eau 140g
| 물엿 glucose 23g

프로마주 블랑 fromage blanc 100g
생크림(유지방 38%) crème liquide 45g
레몬즙 jus de citron 15g
꿀 miel 12g

만드는 방법

1

냄비에 시럽재료를 넣고 끓인 후 식힌다.

2

그 밖의 재료를 넣고 섞은 후, 아이스크림 기계에 넣는다.

Pêches caramélisées
복숭아 캐러멜리제

재료 4인분

백도(단단한 것) pêche blanche ...... 1개   브랜디 eau-de-vie 5g

비정제설탕 cassonade 12g

★ 백도를 껍질째 12등분하여 빗모 양으로 자른다.

만드는 방법

1
프라이팬에 비정제설탕을 넣고 가열한다. 녹아서 연기가 나면 백도를 넣고 프라이팬을 앞뒤로 흔들면서 골고루 버무린다.

2
브랜디를 넣어 플랑베하고, 윤기가 나기 시작하면 트레이 등에 넓게 펼쳐서 식힌다.

Shiratama Maccha
말차 경단

재료 4인분

백옥분(매우 고운 찹쌀가루)
     farine de riz gluant 50g

말차 thé vert 2g
물 eau 45g

만드는 방법

1
볼에 모든 재료를 넣고 반죽한다. 단단한 정도에 따라 물의 양을 조절한다.

2
지름 1cm 크기로 동그랗게 빚어 끓는 물에 데친다.

3
물 위에 뜨면 얼음물에 담갔다 물기를 제거한다.

Emulsion Maccha
말차 에멀션

재료 만들기 적당한 분량

우유 lait 160g
생크림(유지방 38%) crème liquide 60g

그래뉴당 sucre semoule 15g
가루녹차 thé vert 1g

만드는 방법

1
냄비에 모든 재료를 넣고 60℃로 가열한다.

2
핸드블렌더로 갈아 큰 거품을 없앤다. 잠시 놓아둔 후, 2~3번 반복하여 작은 거품을 만든다.

[조합 + 플레이팅]

재료 마무리용

백도 브뤼누아즈*1 (5mm 크기로 깍둑썰기한 것)

　　　brunoise de pêche blanche ...... 적당량

아몬드 프랄리네*2 praliné d'amande ...... 적당량

*1 작은 주사위모양으로 썰기.

*2 아몬드 슬라이스 60g에 시럽(그래뉴당과 물을 1:1로 끓여 식힌 것) 12g, 그래뉴당 12g을 섞는다. 베이킹시트를 깐 오븐팬에 넓게 펼쳐서, 150℃로 예열한 오븐에 옅은 갈색이 날 때까지 15분 굽는다. 그대로 식혀 적당한 크기로 자른다.

1

접시에 지름 5.5cm 세르클틀을 놓고 복숭아 브뤼누아즈를 1cm 높이로 담는다.

2

그 위에 복숭아 캐러멜리제 3조각을 틀모양에 따라 나란히 올린다.

3

2의 가운데에 말차 경단을 4~5개 올린다.

4

세르클틀 바깥에 복숭아 수프를 담고 틀을 제거한다.

5

경단 위에 프로마주 블랑 소르베를 올리고, 아몬드 프랄리네를 꽂는다.

6

거품 낸 말차 에멀션을 끼얹는다.

Declinaison d'ananas

파인애플 데클리네종

데클리네종을 직역하면 「변화를 준다」는 뜻이다. 즉 다양하게 응용하여 즐긴다는 의미다.

주재료인 파인애플은 풍미가 강한 튀김으로도 맛이 좋아

파트 브릭(feuille de brick, 종잇장같이 얇은 반죽)으로 감싼 스틱을 만들고,

소르베, 코코넛무스에 뿌리는 소스 등에 사용하였다.

이름 그대로 파인애플로 만든 일품요리.

Dacqoise au coco
코코넛 다쿠아즈

재료 지름 3㎝ 원형 30개 분량

A | 아몬드파우더 amande poudre 25g
　| 코코넛가루 coco râpé 25g
　| 슈거파우더 sucre glace 30g
　| 박력분 farine faible 13g
달걀흰자 blancs d'œufs 56g
그래뉴당 sucre semoule 40g
코코넛가루 coco râpé ...... 적당량

만드는 방법

1

A의 슈거파우더, 박력분, 아몬드파우더를 체에 쳐서 코코넛가루와 섞는다.

2

볼에 달걀흰자를 넣어 거품을 내고, 그래뉴당을 3번에 나누어 넣어 단단한 머랭을 만든다.

3

2에 1의 가루 재료를 2번에 나누어 넣고 실리콘주걱으로 가볍게 섞는다.

4

오븐팬에 베이킹시트를 깔고 반죽을 부은 후, 5㎜ 두께로 넓게 편다.

5

반죽 표면에 코코넛가루를 골고루 뿌린다.

6

160℃로 예열한 오븐에 20분 굽고 식힌다. 무스 위에 올려야 하므로 조금 단단하게 굽는다.

7

구운 반죽을 지름 3㎝ 세르클 틀로 찍어낸다(나머지 반죽은 따로 보관한다).

Mousse au coco
코코넛 무스

재료 지름 4㎝ 반구형 20개 분량

코코넛 퓌레 pulpe de coco 100g

판젤라틴 gélatine en feuilles 3.5g

럼주 rhum 20g

달걀흰자 blancs d'œufs 40g

A │ 그래뉴당 sucre semoule 25g

　│ 물 eau ...... 조금

생크림(유지방 38%) crème liquide 60g

만드는 방법

1

얼음물에 불려 물기를 제거한 판젤라틴을 전자레인지 또는 중탕으로 녹인다. 볼에 담긴 코코넛 퓌레 ½을 넣고 섞는다.

2

1을 남은 코코넛 퓌레에 럼주와 함께 넣고 섞은 후 식힌다.

3

이탈리안 머랭을 만든다. 볼에 달걀흰자를 넣고 핸드믹서로 거품을 낸다.

4

냄비에 A를 넣고 가열한다. 118℃가 되면 3의 볼 가장자리에 조금씩 흘려 넣어 달걀흰자와 섞는다. 한 김 식으면 속도를 줄인다. 냉동실에서 급속냉동한다.

5

생크림은 80% 정도 거품을 낸 후 이탈리안 머랭과 합치고, 거품이 꺼지지 않도록 실리콘주걱으로 재빨리 섞는다.

6

2에 5를 2~3번 나누어 넣고 그때마다 거품기로 재빨리 섞는다. 지나치게 섞으면 퍼석퍼석해진다.

7

짤주머니에 6을 담고 지름 4㎝ 반구형 실리콘틀에 80% 정도 채운다.

8

틀에 채운 코코넛 무스 위에 다쿠아즈의 아래쪽이 밑으로 아래로 가게 올린다.

Bâton d'ananas

파인애플 스틱

재료 10개 분량

마멀레이드 marmelade

> 파인애플 ananas 500g
>
> 그래뉴당 sucre semoule 30g
>
> 바닐라빈 gousse de vanille ...... ½개
>
> 물 eau 100g

치즈(마스카르포네)

> fromage(Mascarpone) 150g

그래뉴당 sucre semoule 15g

레몬즙 jus de citron 2g

소금 sel 0.6g

굵게 간 흑후추 poivre noir 0.3g

파트 브릭* feuille de brick 5장

녹인 버터 beurre fondu ...... 적당량

식용유 friture ...... 적당량

그래뉴당 sucre semoule ...... 적당량

라임 제스트 zeste de citron vert râpé ...... 적당량

만드는 방법

1

마멀레이드를 만든다. 파인애플을 5㎜ 크기로 깍둑썰기한 후, 그래뉴당, 바닐라빈 씨, 물과 함께 냄비에 넣어 수분이 없어질 때까지 조린 후 식힌다.

2

치즈에 그래뉴당, 레몬즙, 소금, 흑후추를 넣고 섞는다.

3

파트 브릭을 반으로 자르고, 잘린 면을 몸 쪽에 놓는다. 잘린 면 앞쪽에 마멀레이드를 10㎝ 정도 한 줄로 올린다.

4

짤주머니에 둥근 깍지를 끼우고 **2**를 담아 마멀레이드 위에 짠다.

5

먼저 파트 브릭 좌우를 안쪽으로 접고, 가장자리에 녹인 버터를 발라 앞에서부터 돌돌 만다.

6

5를 얼린 후, 플레이팅 직전에 꺼내 180℃로 달군 식용유에 옅은 갈색이 나도록 튀긴다. 얼리면 튀길 때 너무 타지 않게 된다.

7

기름기를 제거한 후 그래뉴당을 묻히고, 라임 제스트를 뿌린다.

> * 밀가루, 식물성기름, 소금으로 만든 얇은 크레이프 모양의 반죽. 튀니지 요리에서 유래했으며, 프랑스 요리에 흔히 사용한다.

Sorbet à l'ananas
파인애플 소르베

재료 20인분

파인애플 ananas ······ 250g

파인애플 퓌레 pulpe d'ananas ······ 225g

라임즙 jus de citron vert ······ 40g

시럽 sirop

   물 eau ······ 110g

   물엿 glucose ······ 30g

   그래뉴당 sucre semoule ······ 75g

만드는 방법

1
파인애플을 큼직하게 썰고, 볼에 파인애플 퓌레, 라임즙과 함께 넣고 섞는다.

2
1을 믹서에 갈아 체에 거른다.

3
냄비에 시럽재료를 넣고 끓인 후 식힌다.

4
3에 2를 넣고 섞은 후, 아이스크림 기계에 넣는다.

Sauce à l'ananas
파인애플 소스

재료 만들기 적당한 분량

파인애플 ananas ······ 410g

파인애플 퓌레 pulpe d'ananas ······ 150g

레몬즙 jus de citron ······ 20g

럼건포도 raisins secs marinés au rhum ······ 100g

파인애플 퓌레 pulpe d'ananas ······ 350g

증점제(젤 에스페사*) Gel espesa ······ 1.5g

만드는 방법

1
파인애플을 작게 깍둑썰기하고, 냄비에 파인애플 퓌레, 레몬즙과 같이 넣어 수분이 없어질 때까지 조린다.

2
1에 럼건포도를 넣고 다시 끓인 후, 불에서 내려 식힌다.

3
볼에 파인애플 퓌레와 증점제를 넣고 핸드블렌더로 증점제가 녹을 때까지 섞은 후, 2에 넣고 같이 섞는다.

  ★ 스페인 소사(SOSA) 사의 증점제. 액체에 넣으면 가열하지 않고도 손쉽게 점도가 생긴다.

[조합 + 플레이팅]

재 료 마무리용

파인애플(1㎝ 크기로 깍둑썰기한 것) ananas ...... 적당량

라임 제스트 zeste de citron vert râpé ...... 적당량

1

소르베를 고정하기 위해 접시 가운데에 다쿠아즈 남은 것을 조금 부수어 올린다.

2

접시 왼쪽에 지름 4㎝ 세르클틀을 올리고 파인애플을 1㎝ 높이로 담는다.

3

틀을 분리하고 파인애플 위에 코코넛 무스를 올린다.

4

접시 오른쪽에 어슷하게 썬 파인애플 스틱을 담고, 라임 제스트를 뿌린다.

5

코코넛 무스 위에 파인애플 소스를 끼얹고, 소스 속에 있는 럼건포도도 올린다.

6

1 위에 럭비공모양(크넬)으로 만든 파인애플 소르베를 올린다.

Crêpe suzette
à l'orange

크레이프 수제트

디저트의 기본 중에서도 기본인 오렌지를 넣은 정통 크레이프 디저트.
크레이프 반죽 안에 블랑망제(Blancmange)나 브륄레(Brûlée) 등을 넣어
보자기모양으로 싸거나 말아서 다양하게 응용할 수 있다.

Pâte à crêpes
크레이프 반죽

재료 지름 18㎝ 프라이팬 14~15장 분량

우유 lait ······ 250g

달걀 œufs ······ 50g

A | 박력분 farine faible ······ 90g
  | 강력분 farine forte ······ 20g
  | 그래뉴당 sucre semoule ······ 10g
  | 소금 sel ······ 1꼬집
  | 오렌지 제스트 zeste d'orange râpé ······ ½개 분량
  | 레몬 제스트 zeste de citron râpé ······ ½개 분량

녹인 버터 beurre fondu ······ 30g

버터 beurre ······ 적당량

만드는 방법

1

실온에 둔 우유와 달걀을 볼에 넣고 거품기로 섞는다. 실온에 두면 버터가 더 잘 섞인다.

2

박력분과 강력분을 체에 치고, A의 나머지 재료와 함께 볼에 넣는다.

3

1을 2번에 나누어 2에 넣을 때마다 잘 섞는다.

4

녹인 버터를 따뜻할 때 3에 넣고 섞는다. 녹인 버터를 섞을 때는 굳지 않도록 반드시 데워서 넣는다.

5

비닐랩을 씌워 냉장고에 최소 15~30분 넣어둔다.

6

지름 18㎝ 프라이팬에 버터를 조금 넣고 중간 불로 가열한다. 옅은 갈색이 되면 키친타월로 닦아낸다.

7

5를 한 국자 떠서 프라이팬에 붓고 바로 프라이팬을 돌려 최대한 얇게 부친다. 반죽을 올리기 전에 반드시 거품기 등으로 섞어서 사용한다.

8

가장자리가 노릇해지기 시작하면 뒤집어서 15초 정도 굽고 꺼낸다. 같은 방법으로 1인분에 2장씩 굽는다.

Marmelade à l'orange

오렌지 마멀레이드

재료 15인분

오렌지 카르티에 quartiers d'orange ······ 125g

오렌지필(오렌지껍질) zeste d'orange ······ 35g

그래뉴당 sucre semoule ······ 18g

레몬즙 jus de citron ······ 18g

만드는 방법

1
냄비에 모든 재료를 넣고 가열하여 수분이 없어질 때까지 조린다.

Sauce suzette

수제트 소스

재료 15인분

그래뉴당 sucre semoule ······ 70g

A | 오렌지주스(100%) jus d'orange ······ 100g
오렌지 제스트 zeste d'orange râpé ······ ½개 분량
레몬즙 jus de citron ······ 20g

버터 beurre ······ 50g

만드는 방법

1

A를 섞어둔다.

2

프라이팬에 그래뉴당을 넣고 가열한다.

3

옅은 캐러멜색이 되면 1을 넣고 섞으면서 녹인다.

4

마지막에 버터를 넣고 전체가 매끄러워질 때까지 섞는다.

Ecorce d'orange confite
오렌지껍질 콩피

재료 만들기 적당한 분량

오렌지껍질 écorce d'orange ...... 1개 분량
시럽(그래뉴당과 물을 1:1로 끓여 식힌 것) sirop 200g

만드는 방법

1
오렌지껍질을 채썰어 데친다.

2
냄비에 시럽을 데운 후, 1을 넣고 부드러워질 때까지 약한 불로 조린다.

Crème glacée à la vanille
바닐라 아이스크림

재료 7~8인분

우유 lait 240g
생크림(유지방 38%) crème liquide 160g
바닐라빈 gousse de vanille ...... ¾개
달걀노른자 janues d'œufs 120g
그래뉴당 sucre semoule 80g

만드는 방법

1
냄비에 우유, 생크림, 바닐라빈 씨를 넣고 끓기 직전까지 가열한다.

2
볼에 달걀노른자와 그래뉴당을 넣고 하얗게 될 때까지 섞는다. 우선 1의 ½을 넣고 섞은 후, 냄비에 다시 옮겨 담고 전체를 섞으면서 83℃까지 가열한다.

3
볼에 옮겨 담고, 얼음물이 담긴 볼 위에 얹어 섞으면서 식힌다. 냉장고에 하룻밤 넣어둔다.

4
체에 걸러 아이스크림 기계에 넣는다.

[조합 + 플레이팅]

재료 마무리용

수제트 마무리용
오렌지 카르티에
quartiers d'orange ...... 적당량
그랑 마르니에
Grand-Marnier ...... 적당량
슈거파우더(데코 스노)
sucre glace(poudre decor) ...... 적당량

1

크레이프를 노릇하게 구워진 면(처음 구운 면)이 아래로 가게 놓고, 앞쪽 ¼면에 오렌지 마멀레이드를 1작은술 정도 바른다.

2

1을 열십자로 접는다. 큰 프라이팬에 구울 경우에는 반으로 접은 후 다시 ⅓씩 접어서 여러 개를 구워도 좋다.

3

프라이팬에 수제트 소스를 넣고 데운 후 2를 넣는다. 한 번 뒤집고 오렌지 카르티에를 넣어 맛이 배어들게 한다.

4

그랑 마르니에를 붓고 플랑베한다.

5

조린 후 접시에 담는다.

6

오렌지껍질 콩피를 장식한다.

7

럭비공모양(크넬)의 바닐라 아이스크림을 올리고 슈거파우더를 뿌린다.

Tous fruits rouges
et sorbet au lait de soja
베리류의 가토와 두유 소르베

레스토랑에서 서빙할 때 「손님에게서 환호성이 나오는 디저트」, 즉 임팩트 있는 디저트를
생각해서 만든 디자인. 포인트는 선명한 붉은색과 라즈베리의 새콤한 맛이다.
소르베는 두유로 만들었다. 레스토랑에서는 유제품 알러지가 있는 손님을 위해
두유로 디저트를 만드는 경우도 가끔 있다.

Biscuit joconde
비스퀴 조콩드

재료 20인분 (30×40㎝ 오븐팬 1장 분량 / 가로 33×세로 24㎝ 무스틀 1개 분량)

A | 아몬드파우더 amande poudre 49g
　| 슈거파우더 sucre glace 49g
　| 박력분 farine faible 22g
　| 달걀 œufs 34g
　| 달걀노른자 janues d'œufs 34g

달걀흰자 blancs d'œufs 94g
그래뉴당 sucre semoule 15g

만드는 방법

1

A의 슈거파우더, 박력분을 체에 쳐서 합치고, 아몬드파우더와 함께 볼에 넣고 섞는다. 달걀, 달걀노른자를 넣고 핸드블렌더로 하얗게 될 때까지 섞는다.

2

다른 볼에 달걀흰자를 넣고 거품을 낸 후, 그래뉴당을 넣어 뿔이 뾰족하게 설 정도로 머랭을 만든다. 그래뉴당의 양이 적으므로, 거품을 너무 많이 내면 퍼석퍼석해진다.

3

1에 2를 2번에 나누어 넣으면서 거품이 꺼지지 않게 실리콘 주걱으로 재빨리 섞는다.

4

베이킹시트를 깐 오븐팬에 3의 반죽을 붓고, 팔레트나이프로 표면을 평평하게 다듬는다. 200℃로 예열한 오븐에 10분간 굽는다. 식으면 33×24㎝ 크기로 자른다.

Marmelade à la framboise
라즈베리 마멀레이드

재료 20인분 (가로 33×세로 24㎝ 무스틀 1개 분량)

냉동 라즈베리(작게 자른 것) framboises 200g
그래뉴당 sucre semoule 40g
그래뉴당 sucre semoule 30g
펙틴 NH pectine NH 4g

만드는 방법

1
냄비에 라즈베리와 그래뉴당 40g을 넣고 가열한다.

2
남은 그래뉴당과 펙틴을 잘 섞은 후, 1에 넣고 섞는다. 다시 끓으면 불에서 내려 식혀 마멀레이드를 완성한다.

3
라즈베리 무스(p.148 참조)를 만든 후, 식은 비스퀴 조콩드 위에 팔레트나이프로 2의 마멀레이드를 평평하게 펴 바른다.

Mousse au framboises

라즈베리 무스

재료 20인분 (가로 33×세로 24㎝ 무스틀 1개 분량)

라즈베리 퓌레 pulpe de framboise …… 250g

판젤라틴 gélatine en feuilles …… 12g

생크림(유지방 38%) crème liquide …… 150g

달걀흰자 blancs d'œufs …… 25g

그래뉴당 sucre semoule …… 25g

만드는 방법

1
얼음물에 불려 물기를 제거한 판젤라틴을 라즈베리 퓌레에 넣고 섞어서 녹인다(전자레인지 등으로 가열한다).

2
생크림을 80% 정도 거품을 낸다. 달걀흰자로 80%의 머랭을 만들어 생크림과 합친 후, 거품이 꺼지지 않게 재빨리 섞는다.

3
2에 1을 조금씩 넣으면서 섞는다.

4
라즈베리 마멀레이드를 바른 비스퀴 조콩드(p.147 참조)를 무스틀에 넣고 3의 무스를 부은 후, 표면을 평평하게 다듬어 냉동실에 얼려 굳힌다. 조합하기 전에 8×3㎝ 크기의 직사각형으로 자른다.

Sablé aux amandes

아몬드 사블레

재료 30인분

마지팬 로마세 pâte d'amande crue …… 120g

그래뉴당 sucre semoule …… 13g

버터 beurre …… 120g

강력분 farine forte …… 140g

만드는 방법

 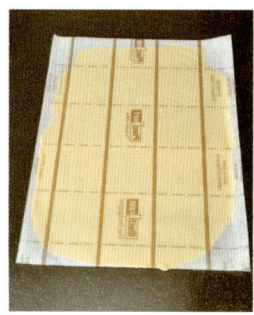

1
믹서볼에 마지팬 로마세를 넣고 팔레트나이프로 가볍게 부순 후, 그래뉴당을 넣어 골고루 섞는다. 실온에 둔 버터를 조금씩 넣으면서 섞은 후, 마지막에 체에 친 강력분을 섞는다.

2
베이킹시트 사이에 반죽을 넣고 오븐팬 크기에 맞춰 밀대로 2㎜ 두께로 민다. 냉동실에 차게 굳힌다.

3
윗면의 베이킹시트를 제거하여 오븐팬에 올린 후, 150℃로 예열한 오븐에 20분 굽는다.

4
오븐팬에서 꺼내 한 김 식히고, 8×3㎝ 크기의 직사각형으로 자른다. (자투리는 소르베 고정용으로 사용) 다시 150℃로 예열한 오븐에 3~5분 노릇해질 때까지 굽는다.[*]

[*] 사블레의 가운데와 가장자리가 같은 정도로 노릇해야 한다.

Tuiles
튀일

재료 30인분

레드커런트 퓌레 pulpe de groseille ······ 50g

그래뉴당 sucre semoule ······ 100g

강력분 farine forte ······ 30g

녹인 버터 beurre fondu ······ 65g

만드는 방법

1
볼에 레드커런트 퓌레와 그래뉴당을 넣고 거품기로 섞은 후, 체에 친 강력분을 넣어 골고루 섞는다. 녹인 버터를 넣고 전체가 매끄러워질 때까지 섞는다.

2
오븐팬에 실리콘 베이킹 매트를 깔고 팔레트나이프로 오븐팬 전체에 1을 얇게 펴 바른다. 170℃로 예열한 오븐에 10~15분 굽는다.

3
실리콘 베이킹 매트를 떼어낸 후, 따뜻할 때 8×3㎝ 크기의 직사각형*으로 잘라, 지름 2㎝의 둥근 막대에 감아서 그대로 식힌다. 휜 모양이 만들어지기 전에 굳으면 다시 170℃의 오븐에 5분 데운다.

* 맨 나중에 휜 모양의 튀일을 올릴 때, 완성된 크기가 무스와 같은 크기가 되려면 튀일의 짧은 쪽이 무스보다 조금 길어야 한다.

Sorbet au lait de soja
두유 소르베

재료 15인분

두유 lait de soja ······ 450g

생크림(유지방 38%) crème liquide ······ 50g

물엿 glucose ······ 60g

바닐라빈 gousse de vanille ······ ½개

연유 lait concentré ······ 100g

만드는 방법

1
냄비에 모든 재료를 넣고 약 60℃로 데운 후, 바닐라향이 우러나게 그대로 둔다.

2
볼에 옮겨 담고, 얼음물이 담긴 볼 위에 얹어 식힌다.

3
바닐라빈 껍질을 제거하고 아이스크림 기계에 넣는다.

Sauce à la framboise
라즈베리 소스

재료 만들기 적당한 분량

라즈베리 퓌레 pulpe de framboise 200g

그래뉴당 sucre semoule 20g

레몬즙 jus de citron 10g

만드는 방법

1
냄비에 모든 재료를 넣고 한소끔 끓여서 식힌 후, 냉장고에 보관한다.

[조합 + 플레이팅]

재료 마무리용

붉은색 나파주
     nappage rouge ...... 적당량

블루베리, 라즈베리, 레드커런트 등의 베리류
     berry ...... 적당량

금박 feuille d'or ...... 적당량

크렘 샹티이 crème chantilly ...... 적당량

1

조콩드, 마멀레이드, 무스를 쌓아 냉동한 것을 해동하고, 8×3㎝ 크기의 직사각형으로 자른다. 마무리용 나파주를 뿌린다.

2

튀일 위에 베리류를 올리고, 금박으로 장식한다.

3

물결모양 깍지를 끼운 짤주머니에 크렘 샹티이를 담아 아몬드 사블레에 위아래로 움직여 물결모양으로 짠다. 그 위에 **2**를 올린다.

4

접시 앞쪽 소르베를 올릴 위치에 미끄러지지 않게 사블레 조각을 조금 올리고, 가운데에 라즈베리 소스로 직선을 그린다.

5

사블레 조각 위에 럭비공모양(크넬)의 두유 소르베를 올리고, 그 반대편에 **1**을 놓고 그 위에 **3**을 올린다.

Crème pâtissière
커스터드 크림

재료 만들기 적당한 분량

우유 lait ······ 200g

생크림(유지방 38%) crème liquide ······ 50g

그래뉴당 sucre semoule ······ 40g

달걀노른자 janues d'œufs ······ 50g

박력분 farine faible ······ 33g

만드는 방법

1

냄비에 우유와 생크림을 넣고 끓기 직전까지 가열한다.

2

볼에 달걀노른자와 그래뉴당을 넣고 하얗게 될 때까지 섞은 후, 박력분을 넣고 섞는다.

3

2에 1의 ⅓을 넣고 섞은 후, 체에 걸러 다시 냄비에 담는다.

4

중간 불에 올리고 타지 않게 실리콘주걱으로 계속 저으면서* 걸쭉해질 때까지 가열한다.

★ 냄비의 가장자리가 타지 않도록 반드시 긁으면서 섞는다.

Pâte de figue et cassis
무화과 블랙커런트 페이스트

재료 20인분

무화과(반건조) figue demi-sec ······ 125g

시럽(그래뉴당과 물을 1:1로 끓여 식힌 것) sirop ······ 40g

블랙커런트 퓌레 pulpe de cassis ······ 40g

오렌지주스 jus d'orange ······ 25g

만드는 방법

1

볼에 모든 재료를 넣고 푸드 프로세서로 갈아 페이스트 상태로 만든다.

Chiboust

시부스트

재료 12인분

커스터드 크림(p.157 참조)
    crème pâtissière 65g
판젤라틴 gélatine en feuilles 6g
리코타치즈 Ricotta 250g
크림치즈 cream cheese 40g
오렌지 제스트
    zeste d'orange râpé ...... ½개 분량

이탈리안 머랭 meringue italienne
    달걀흰자 blancs d'œufs 70g
A   그래뉴당 sucre semoule 60g
    물 eau ...... 조금

만드는 방법

1

리코타치즈와 크림치즈는 실온에 두어 부드럽게 만든다(전자레인지에 살짝 돌려도 좋다).

2

냄비에 커스터드 크림을 넣고 가열한다(또는 볼에 넣어 중탕한다). 물에 불려 물기를 제거한 판젤라틴을 넣고 녹인다.

3

볼에 1의 2종류 치즈, 오렌지 제스트를 넣고 섞는다.

4

3에 2를 넣고 거품기로 매끄러워질 때까지 섞는다.

5

이탈리안 머랭을 만든다. 믹서볼에 달걀흰자를 넣고 거품을 낸다. 냄비에 A를 넣고 가열하여 118℃가 되면 믹서볼 가장자리에 조금씩 흘려 넣으면서 달걀흰자와 섞는다. 한 김 식으면 속도를 조금씩 줄인다.

6

4에 이탈리안 머랭을 3번에 나누어 넣고, 거품이 꺼지지 않도록 실리콘주걱으로 자르듯이 재빨리 섞는다.

7

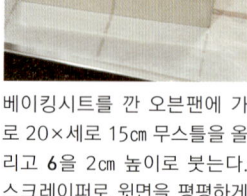
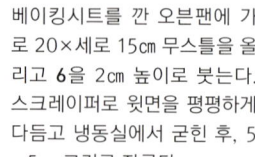

베이킹시트를 깐 오븐팬에 가로 20×세로 15㎝ 무스틀을 올리고 6을 2㎝ 높이로 붓는다. 스크레이퍼로 윗면을 평평하게 다듬고 냉동실에서 굳힌 후, 5×5㎝ 크기로 자른다.

Pâte brisée

브리제 반죽

재료 12인분

버터 beurre 80g

박력분 farine faible 125g

소금 sel 3g

A | 물 eau 10g
　 | 우유 lait 10g

만드는 방법

1
볼에 잘게 자른 버터, 체에 친 박력분, 소금을 함께 넣고 차게 둔다.

2
믹서볼에 **1**을 넣고 팔레트나이프로 보슬보슬하게 섞는다.

3
A를 섞어 **2**에 조금씩 넣으면서 어느 정도 뭉쳐질 때까지 섞는다. 너무 많이 섞으면 글루텐이 생겨 단단해지므로 주의한다.

4
반죽을 꺼내 사각형으로 만들고, 비닐랩을 씌워 냉장고에 30분~1시간 넣어둔다.

5
밀대로 반죽을 5㎜ 두께로 밀어 180℃로 예열한 오븐에 20분 굽는다.

6
구운 후 따뜻할 때 5×5㎝ 크기로 잘라서 식힌다.

Sorbet au cassis / orange

블랙커런트 오렌지 소르베

재료 15~20인분

물 eau 150g

그래뉴당 sucre semoule 100g

물엿 glucose 35g

블랙커런트 퓌레 pulpe de cassis 150g

오렌지주스 jus d'orange 100g

쿠앵트로* Cointreau 50g

레몬즙 jus de citron 10g

만드는 방법

1
냄비에 물, 그래뉴당, 물엿을 넣고 저으면서 끓인다.

2
볼에 **1**을 옮겨 담고, 얼음물이 담긴 볼 위에 얹어 섞으면서 식힌다.

3
2에 나머지 재료를 모두 넣고 섞은 후, 아이스크림 기계에 넣는다.

★ 오렌지껍질로 만든 프랑스 리큐어.

Sauce à la framboise
라즈베리 소스

재 료 만들기 적당한 분량

라즈베리 퓌레 pulpe de framboise 200g	레몬즙 jus de citron 10g
그래뉴당 sucre semoule 20g	

만 드 는 방 법

1
냄비에 모든 재료를 넣고 가열한다. 한소끔 끓으면 불을 끄고 식힌다. 냉장고에 보관한다.

[조합 + 플레이팅]

재 료 마무리용

블랙무과화(5㎜ 너비로 빗모양으로 썬 것)
    figue ...... 적당량
오렌지 카르티에(5㎜ 너비로 썬 것)
    quartiers d'orange ...... 적당량
비정제설탕 cassonade ...... 적당량
민트잎 feuille de menthe ...... 적당량
오렌지껍질 콩피
    écorce d'orange confite ...... 적당량

  * 시부스트가 해동되면 토치에 의해 녹아버리므로, 반드시 냉동 상태에서 캐러멜라이징한다.

1

브리제 반죽 위에 시부스트를 올리고, 그 위에 비정제설탕을 골고루 뿌린다.

2

토치로 그을려 캐러멜라이징한다(2번 반복).*****

3

접시 가운데에 8×8㎝ 크기로 블랙무화과와 오렌지를 한 줄씩 교차하여 놓는다.

4

나란히 배열한 과일 가운데에 무화과 블랙커런트 페이스트를 짜서 올린다. 접시 앞뒤에 라즈베리 소스로 직선을 그린다.

5

4에서 짠 페이스트 위에 **2**를 올리고, 그 위에 럭비공모양(크넬)의 블랙커런트 오렌지 소르베를 올린다. 콩피와 민트잎을 장식한다.

Mont-blanc

몽블랑

「몽블랑」은 프랑스 파티세리에서도 1년 내내 팔지만,

일본과 마찬가지로 밤이 나오는 가을에 매장에서 더 많이 볼 수 있다.

신맛이 나는 과일과 조합하는 것이 일반적이지만,

레스토랑 디저트로는 부서지기 쉬운 머랭이나

녹기 쉬운 아이스크림을 넣어 만든다.

Gelée de cassis
블랙커런트 젤리

재료 10인분

블랙커런트(냉동·통째) cassis 150g

블랙커런트 퓌레 pulpe de cassis 50g

그래뉴당 sucre semoule 28g

물 eau 50g

판젤라틴 gélatine en feuilles 10g

만드는 방법

1
판젤라틴을 물에 불린다.

2
냄비에 젤라틴 이외의 재료를 모두 넣고 끓인다.

3
2에 물기를 제거한 판젤라틴을 넣어 녹이고, 트레이에 옮겨 식힌다.

Meringue
머랭

재료 50인분

달걀흰자 blancs d'œufs 80g

그래뉴당 sucre semoule 80g

슈거파우더 sucre glace 80g

만드는 방법

1

믹서볼에 달걀흰자를 넣고 80% 정도 거품을 낸다. 그래뉴당을 2번에 나누어 섞으면서 뿔이 뾰족하게 설 정도로 거품을 낸다. 윤기가 날 때까지 섞으면 머랭이 꺼질 수 있으므로, 표면이 거친 상태에서 마무리한다.

2

체에 친 슈거파우더를 2번에 나누어 넣고, 실리콘주걱으로 재빨리 섞는다.

3

2를 지름 4㎝ 반구형 실리콘틀에 짜 넣고, 스푼으로 가운데를 눌러 컵모양으로 만든다. 머랭이 너무 두꺼우면 아이스크림이 잘 들어가지 않고, 너무 얇으면 깨질 수 있으므로 주의한다.

4

90℃로 예열한 오븐에 2시간 정도 굽는다. 한 김 식혀 단단해지면 틀에서 분리한다.

Crème glacée à la vanille
바닐라 아이스크림

재료 15~16인분

우유 lait ······ 120g

생크림(유지방 38%) crème liquide ······ 80g

바닐라빈 gousse de vanille ······ ¾개

달걀노른자 janues d'œufs ······ 60g

그래뉴당 sucre semoule ······ 40g

만드는 방법

1
냄비에 우유, 생크림, 바닐라빈 씨를 넣고 끓기 직전까지 가열한다.

2
볼에 달걀노른자와 그래뉴당을 넣고 하얗게 될 때까지 섞는다.

3
온도가 너무 식지 않게 우선 1의 ½을 2에 넣고 섞은 후, 다시 냄비에 옮겨 담고 전체를 섞으면서 83℃까지 가열한다.

4
볼에 옮겨 담아 얼음물이 담긴 볼 위에 얹어 섞으면서 식힌다. 냉장고에 하룻밤 넣어둔 후, 체에 걸러 아이스크림 기계에 넣는다.

Sauce de cassis
블랙커런트 소스

재료 만들기 적당한 분량

블랙커런트 퓌레 pulpe de cassis ······ 200g

시럽(그래뉴당과 물을 1:1로 끓여 식힌 것) sirop ······ 50g

만드는 방법

1
블랙커런트 퓌레와 시럽을 골고루 섞는다.

Crème chantilly
크렘 샹티이

재료 8인분

생크림(유지방 38%) crème liquide ······ 200g

그래뉴당 sucre semoule ······ 10g

만드는 방법

1
볼에 생크림과 그래뉴당을 넣고 거품을 낸다.

Pâte de marron

마롱 페이스트

재 료 10인분

밤 퓌레 pulpe de marron 400g

밤 페이스트 pâte de marron japonaises 200g

생크림(유지방 38%) crème liquide 150g

만드는 방법

1 밤 퓌레와 밤 페이스트를 골고루 섞어 체에 거른다.

2 생크림을 조금씩 넣으면서 섞는다.

[조합 + 플레이팅]

재 료 마무리용

튀일 tuiles ...... 적당량

밤조림(내피밤) marron au sirop ...... 적당량

슈거파우더 sucre glace ...... 적당량

1

접시 가운데에 블랙커런트 젤리를 조금 담고, 그 위에 머랭을 둥근 쪽이 밑으로 가게 올린다.

2

움푹 들어간 머랭 가운데에 바닐라 아이스크림을 담고, 그 위에 샹티이를 짠다.

3

몽블랑 깍지를 끼운 짤주머니에 마롱 페이스트를 담고, 아래에서부터 위로 빙 둘러가며 짜서 **2**를 모두 덮는다.

4

둘레에 블랙커런트 소스로 원을 그리고, **3** 위에 슈거파우더를 뿌린다.

5

위에 2등분으로 자른 밤조림을 올리고, 블랙커런트 소스 위에도 잘게 자른 밤조림을 뿌린다. 마지막으로 몽블랑 위에 튀일을 꽂아 장식한다.

Poire belle-Hélène

푸아르 벨-엘렌

사용하는 재료도 구성요소도 적고, 조합도 심플하지만
프랑스에서 오랫동안 사랑받고 있는 디저트.
레스토랑에서 실제로 서빙할 때는 테이블에서
초콜릿 소스를 바로 뿌려 손님들에게 즐거움을 선사한다.

Poires pochées

서양배 포셰

재료 12~15인분

서양배 poire 6개
물 eau 400g
그래뉴당 sucre semoule 100g
레몬즙 jus de citron 20g
아스코르브산 acide ascorbique 0.8g
바닐라빈 gousse de vanille ...... ¼개

만드는 방법

1
냄비에 배 이외의 재료를 넣고 끓인 후 식힌다.

2
배는 껍질을 벗겨 4등분으로 자르고, 심과 씨를 제거한다.

3
진공팩에 **1**과 **2**를 넣고 진공포장기로 팩 안의 공기를 뺀 후, 80℃의 스팀 컨벡션 오븐에서 10~15분 가열한다.

4
3을 얼음물에 팩째 식힌다.

Crème glacée à la vanille

바닐라 아이스크림

재료 8인분

우유 lait 120g
생크림(유지방 38%) crème liquide 80g
바닐라빈 gousse de vanille ...... ¾개
달걀노른자 janues d'œufs 60g
그래뉴당 sucre semoule 40g

만드는 방법

1
냄비에 우유, 생크림, 바닐라빈 씨를 넣고 끓기 직전까지 가열한다.

2
볼에 달걀노른자와 그래뉴당을 넣고 하얗게 될 때까지 섞는다.

3
온도가 너무 식지 않게 우선 **1**의 ½을 **2**에 넣고 섞은 후, 다시 냄비에 옮겨 담아 전체를 섞으면서 83℃까지 가열한다.

4
볼에 옮겨 담고, 얼음물이 담긴 볼 위에 얹어 섞으면서 식힌다. 냉장고에 하룻밤 넣어둔 후, 체에 걸러 아이스크림 기계에 넣는다.

Crème chantilly
크렘 샹티이

재료 8인분

생크림(유지방 38%) crème liquide 200g
그래뉴당 sucre semoule 10g

만드는 방법

1
볼에 생크림과 그래뉴당을 넣
고 거품을 낸다.

Sauce au chocolat
초콜릿 소스

재료 8인분

우유 lait 300g
생크림(유지방 38%) crème liquide 200g
다크초콜릿(카카오 72%) couverture noir 220g

만드는 방법

1
냄비에 우유와 생크림을 넣고
끓인다.

2
볼에 초콜릿을 넣은 후, 1을 넣
고 섞어서 녹인다.

[조합 + 플레이팅]

재료 마무리용

크럼블   crumble   ...... 적당량

초콜릿(막대모양)

　　　　chocolat copeau   ...... 적당량

민트잎   feuille de menthe   ...... 적당량

아몬드 슬라이스(살짝 구운 것)

　　　　amandes effilées torréfiées   ...... 적당량

1

서양배 포셰의 물기를 제거하고 얇게 슬라이스한다.

2

접시에 크럼블을 조금 담는다.

3

럭비공모양(크넬)의 바닐라 아이스크림을 세로로 올린 후, 팔레트나이프 등으로 윗부분을 가볍게 누른다.

4

바닐라 아이스크림 위에 샹티이를 돔모양으로 짠다.

5

전체가 덮이도록 서양배 포셰를 조금씩 겹치면서 싼다. 배는 접시마다 8~10조각이 기준이다.

6

별모양 깍지를 끼운 짤주머니에 샹티이를 담아 맨 위에 짜고, 초콜릿과 민트잎을 장식한다.

7

둘레에 초콜릿 소스를 조심스럽게 끼얹고, 굵게 다진 아몬드 슬라이스를 뿌린다.

레스토랑 디저트를 만드는 매력
_ 영향을 준 사람들, 현장의 엄격함과 즐거움

내가 레스토랑 디저트를 만드는 즐거움을 처음으로 알게 된 것은 〈그룹 알랭 뒤카스(Group Alain Ducasse)〉에 입사하면서부터다. 일을 시작한 곳은 파리의 레스토랑 〈59 푸앵카레(59 Poincaré)〉였다. 마침 그때, 〈그룹 알랭 뒤카스〉의 셰프 파티시에 프레데릭 로베르(Frederic Robert) 씨가 뒤카스의 디저트를 집대성한 레시피북 『그랑 리브르 드 퀴진(Le Grand livre de cusine d'Alain Ducasse)』을 집필하고 있었다. 지금까지 알랭 뒤카스가 어떤 사람인지 몰랐고, 레스토랑 디저트에 대한 어떤 지식도 없었던 나는, 그가 하는 테스트에서부터 촬영까지 일련의 과정을 가까이에서 지켜보면서 큰 충격을 받았다. 디저트를 만들 때의 아이디어 발상법, 재료 사용법, 완성에 이르기까지 지금껏 내가 알지 못했던 사실들이 가득했다. 모든 과정을 보여주었던 로베르 씨는 그 후에도 내게 큰 영향을 미쳤다. 생일날 그에게서 받은 두꺼운 레시피북은 지금도 무슨 일이 있을 때마다 펼치게 만드는 나의 교과서가 되었다.

3스타 레스토랑인 〈알랭 뒤카스 오 플라자 아테네(Alain Ducasse au Plaza Athenee)〉에서 경험한 신의 경지에 다다른 듯한 현장의 엄격함을 지금도 잊을 수 없다.

주방은 마치 전쟁터와 같다. 예를 들어, 차가운 디저트를 만들 때면 쇼콜라쇼, 수플레, 아이스크림을 담당하는 파티시에 각자가 「이후 몇 분 안에 수플레가 완성된다!」, 「먼저 크넬을 만들고!」, 「쇼콜라를 얹고」 등의 말들을 매우 급박하게 내뱉으면서, 시간을 계산해가며 차가운 것은 차갑게, 뜨거운 것은 뜨겁게, 모든 것을 같은 시간 내에 만들지 않으면 안 되었다.

무엇보다 가장 심혈을 기울이는 것은 플레이팅을 하는 순간이다. 접시는 깨끗하게 준비되었는지, 빠진 부분은 없는지 등 속속들이 확인하는 작업을 시작으로 반죽은 잘 부풀었는지, 럭비공모양의 크넬은 보기 좋게 만들었는지, 2개의 디저트를 같은 크기로 완성했는지 등을 세심하게 살펴야 한다. 하나의 실수도 용납하지 않는 현장에서 리더인 셰프 드 퀴지니에(chef de cuisinier, 프랑스어로 주방장이란 의미)는 서비스도 엄격하게 체크해가며 한 순간도 쉬는 시간이 없었다.

플라자 아테네에서 2년 반 정도 일하는 동안 물론 엄격함만이 있는 것은 아니었다. 그 당시 그룹의 셰프 파티시에로 있던 니콜라 베르제(Nicolas Berger) 씨와 함께 일했던 경험은 현재의 나를 있게 해준 큰 재산과도 같다. 그를 통해 배운 센스나 아이디어, 맛의 조합법, 완성도, 그리고 스텝들의 교육법 등…….

레스토랑 디저트의 매력은 자신이 만든 디저트가 접시 위에서 한순간에 사라지는 모습을 가까이에서 볼 수 있는 게 아닐까? 지금까지 엄격한 현장에서 배워 쌓아온 지식과 기술을 무기 삼아 「순식간에 사라지게 하는」 맛있는 디저트를 제공하고 싶다.

Caramel

캐러멜 2종류

호텔 〈플라자 아테네(Plaza Athenee)〉에 있는 레스토랑
〈알랭 뒤카스(Alain Ducasse)〉에서는 기모브(Guimauve,
프랑스식 마시멜로)와 콩피 같은 5~6종류의 캐러멜이
「왜건 디저트(wagon dessert)」라는 이름으로 나온다.
캐러멜 맛의 조합은 자유자재로 무한하다.
심지어 예전에는 블랙올리브로 만든 것도 있었다. 개인적으로
추천하고 싶은 하나는 포트와인으로 만든 캐러멜.

Caramel au porto rouge
포트와인 캐러멜

재료 만들기 적당한 분량

A | 포트와인(레드) porto rouge 200g
그래뉴당 sucre semoule 100g
물엿 glucose 50g
전화당* trimoline 40g
생크림(유지방 38%) crème liquide 100g

버터 beurre 60g
건조 크랜베리 airelle sec 30g

* 트리몰린(Trimoline)이 대표적인 전화당 중 하나이다. 전화당은 포도당과 과당을 분해하여 혼합한 것으로, 설탕보다 달고 깊은 맛이 강하며, 설탕의 재결정화나 건조를 방지한다.

만드는 방법

1
건조 크랜베리는 잘게 썬다.

2
큰 냄비에 A를 넣고 센 불에 올려 섞으면서 120℃까지 졸인다.

3
버터를 넣고 다시 120℃까지 가열한다.

4
불에서 내려 건조 크랜베리를 넣고 섞는다.

5
15×15㎝ 틀에 붓고 그대로 식힌다. 굳으면 먹기 좋은 크기로 잘라 필름으로 싼다.

Caramel fruit de la passion / goyave
패션프루트 구아바 캐러멜

재료 만들기 적당한 분량

A | 구아바 퓌레 pulpe de goyave 180g
패션프루트 퓌레 pulpe fruit de la passion 180g
생크림(유지방 38%) crème liquide 120g
그래뉴당 sucre semoule 300g
물엿 glucose 90g
전화당 trimoline 110g

버터 beurre 120g
다진 아몬드(구운 것) amandes hachées 70g

만드는 방법

1
큰 냄비에 A를 넣고 센 불에 올려 섞으면서 120℃까지 졸인다.

2
버터를 넣고 다시 120℃까지 가열한다.

3
불에서 내려 아몬드를 넣고 섞는다.

4
20×25㎝ 틀에 붓고 그대로 식힌다. 굳으면 먹기 좋은 크기로 잘라 필름으로 싼다.

Soufflé au cassis
et sorbet aux poires

서양배 소르베를 곁들인
블랙커런트 수플레

수플레 안에 아무것도 넣지 않는 것이 불문율이지만,
넣어도 맛있다는 것을 〈그룹 알랭 뒤카스〉에서 일하면서 배우게 되었다.
그 방법이 맛의 밸런스를 맞추기에도 좋을 뿐 아니라, 먹을 때 놀라움도 선사한다.
이 수플레에는 서양배 캐러멜리제를 넣었다.

Soufflé au cassis
블랙커런트 수플레

재료 지름 7×높이 6㎝ 머그컵 8개 분량

서양배(단단한 것) poire ...... 3~4개
그래뉴당 sucre semoule ...... 15~20g

수플레 반죽 appareil à soufflés

　블랙커런트 퓌레 pulpe de cassis 200g
　달걀노른자 janues d'œufs 60g
　그래뉴당 sucre semoule 40g
　박력분 farine faible 15g
　옥수수 전분 maïzena 15g
　우유 lait 150g
　사워크림 crème fraîche 45g
　달걀흰자 blancs d'œufs 200g
　그래뉴당 sucre semoule 80g

코코트용 cocotte

　버터 beurre ...... 적당량
　그래뉴당 sucre semoule ...... 적당량

만드는 방법

1

서양배는 껍질을 벗기고 8등분하여 7㎜ 너비의 빗모양으로 작게 썬다.

2

프라이팬에 그래뉴당을 넣고 옅은 갈색이 되도록 가열한다.

3

서양배를 넣고 재빨리 뒤섞어 캐러멜라이징한 후 식힌다.

4

머그컵 안쪽에 버터를 바르고, 그래뉴당을 뿌린다.

5

수플레 반죽을 만든다. 냄비에 블랙커런트 퓌레를 넣고, 타지 않도록 조심하면서 약한 불로 끓기 직전까지 가열한다.

6

볼에 달걀노른자와 그래뉴당을 넣고 하얗게 될 때까지 섞는다. 체에 친 박력분과 옥수수 전분, 우유를 넣고 섞는다. 우유는 블랙커런트와 합치면 분리될 수 있으므로 이 단계에서 섞는다.

7

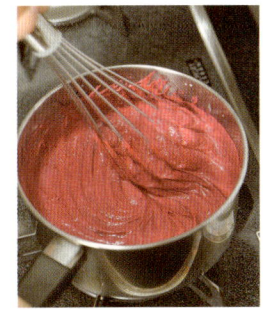

6을 5의 냄비에 넣고 중간 불로 가열하면서 섞는다. 타지 않도록 거품기로 계속 저으면서 걸쭉해질 때까지 가열한다.

8

볼에 옮겨 한 김 식힌 후, 사워 크림을 넣고 섞는다. 표면이 마르지 않게 반죽에 랩을 밀착시켜 씌운다.

9

믹서로 달걀흰자를 거품 낸 후, 그래뉴당을 섞어 80%의 머랭을 만든다. 부드럽게 만들면 크림과 섞기 쉬워진다.

10

8에 9의 머랭을 2~3번에 나누어 넣을 때마다 거품기로 재빨리 섞는다.

11

컵 옆면에 묻지 않게 조심하면서 머그컵 바닥에 3의 서양배를 적당량 깐다.

12

거품이 꺼지지 않도록 짤주머니 입구를 크게 잘라 10의 수플레 반죽을 짜 넣는다. 표면을 평평하게 다듬는다.[*]

13

180℃로 예열한 오븐에 12분 굽고 슈거파우더를 뿌린다.

★ 테두리에 묻은 반죽은 깔끔하게 닦아낸다.

Sorbet aux poires

서양배 소르베

재료 15인분

A | 물 eau 200g
  | 물엿 glucose 50g
  | 바닐라빈 gousse de vanille ...... ¼개
  | 레몬즙 jus de citron 10g
  | 증점제(비도픽스) Vidofix 5g
  | 연유 lait concentré 70g

라 프랑스*(통조림·시럽 절임)
  La-France au sirop 250g
라 프랑스(신선한 것·껍질과 씨를 제거한 것)
  La-France 250g
서양배 리큐어 liqueur de poire 20g

만드는 방법

1

냄비에 A를 넣고 섞으면서 가열한다. 볼에 옮겨 얼음물이 담긴 볼 위에 얹어 섞으면서 식힌다.

2

나머지 재료를 1에 넣고 믹서로 갈아 퓌레 상태로 만든다.

3

2를 아이스크림 기계에 넣는다.

★ 프랑스가 원산지인 서양배로, 향이 짙고 과육이 부드럽다.

Sauce au vin rouge
레드와인 소스

재료 만들기 적당한 분량

레드와인 vin rouge ······ 200g
그래뉴당 sucre semoule ······ 50g

만드는 방법

1
냄비에 모든 재료를 넣고 걸쭉
해질 때까지 졸인다.

[조합 + 플레이팅]

재료 마무리용

서양배 칩 chips aux poires ······ 적당량
남은 사블레나 제누아즈 등 chapelure ······ 적당량

* 잘라서 그대로 말리면 갈변되므
로, 아스코르브산을 넣은 시럽에
담갔다 말린다.

1

접시 위에 레드와인 소스로 선을 그리고, 소
르베가 미끄러지지 않게 사블레와 제누아즈
등을 조금 부수어 소스 위에 놓는다.

2

그 위에 럭비공모양(크넬)의 서양배 소르베
를 올리고 칩을 꽂는다.

3

구운 수플레를 접시에 올린다.

Soufflé au chocolat et glace aux bananes

바나나 아이스크림을 곁들인
초콜릿 수플레

초콜릿과 바나나라는 최고의 조합은 디저트 클래스에서도 인기가 높다.
이번에는 수플레의 초콜릿 맛에 가려지지 않게 진한 바나나 아이스크림을 조합하였다.
원래 변색을 방지하기 위해 레몬즙을 넣는데,
여기서는 바나나 맛을 살리기 위해 사용하지 않았다.

Soufflé au chocolat
초콜릿 수플레

재료 지름 8×높이 4cm 코코트 6개 분량

수플레 반죽 appareil à soufflés

   우유 lait 250g

   생크림(유지방 38%) crème liquide 50g

   달걀노른자 janues d'œufs 90g

   그래뉴당 sucre semoule 35g

   옥수수 전분 maïzena 25g

   초콜릿(발로나 사의 P125) chocolate(Valrhona P125) 100g

   달걀흰자 blancs d'œufs 200g

   그래뉴당 sucre semoule 20g

바나나 banane 4개

그래뉴당 sucre semoule ...... 15~20g

다크 럼 rhum ...... 적당량

코코트용 cocotte

   버터 beurre ...... 적당량

   그래뉴당 sucre semoule ...... 적당량

만드는 방법

1

바나나는 껍질을 벗겨 세로로 2등분하고 5mm 두께로 작게 썬다. 프라이팬에 그래뉴당을 넣고 짙은 캐러멜색이 될 때까지 졸이고, 바나나를 넣고 살짝 볶아 캐러멜라이징한다.*¹ 다크 럼을 넣어 플랑베한 후 식힌다.

2

코코트 안쪽에 버터를 바르고*² 그래뉴당을 뿌린다.

3

수플레 반죽을 만든다. 냄비에 우유와 생크림을 넣고 끓기 직전까지 가열한다.

4

볼에 달걀노른자와 그래뉴당을 넣고 하얗게 될 때까지 섞는다. 체에 친 옥수수 전분을 넣고 섞는다.

5

4에 3의 ½을 넣고 섞은 후, 다시 냄비에 옮겨 담고 전체를 섞는다. 중간 불로 타지 않도록 실리콘주걱으로 저으면서 걸쭉해질 때까지 가열한다.

6

볼에 옮겨 담고 뜨거울 때 초콜릿과 섞는다. 초콜릿이 부드럽게 녹아 섞이면 표면이 마르지 않게 반죽에 랩을 밀착시켜 씌운다.

7

믹서볼에 달걀흰자를 거품 낸 후, 그래뉴당을 넣고 다시 섞어 80% 정도로 머랭을 만든다. 부드럽게 만들면 나중에 크림과 잘 섞인다.

8

6에 7의 머랭을 2~3번에 나누어 넣을 때마다 거품기로 재빨리 섞는다.*³

9

옆면에 묻지 않게 조심하면서 코코트 바닥에 **1**의 바나나를 깐다.

10

거품이 꺼지지 않도록 짤주머니 입구를 크게 잘라 **8**의 수플레 반죽을 담고 코코트에 짜 넣는다. 표면을 평평하게 다듬는다. *4

11

180℃로 예열한 오븐에 10분 굽고 슈거파우더를 뿌린다.

*1 매우 짙은 캐러멜이 되면 캐러멜 맛이 너무 강해져서 풍미가 약해진다.

*2 버터는 전체적으로 균일하게 바른다.

*3 **6**이 따뜻할 때 머랭을 넣고 섞으면 작업이 쉬워진다.

*4 테두리에 묻은 반죽을 깨끗하게 닦아낸다. 구울 때 테두리가 먼저 구워져 뚜껑처럼 되면 옆면이 깔끔하게 부풀지 않는다.

Crème glacée à la banane
바나나 아이스크림

재 료 10인분

바나나(완숙) banane ······ 420g

우유 lait ······ 230g

달걀노른자 janues d'œufs ······ 120g

비정제설탕 cassonade ······ 20g

생크림(유지방 38%) crème liquide ······ 90g

바나나크림 리큐어 liqueur de banane crème ······ 60g

만드는 방법

1
바나나를 믹서에 갈아 퓌레 상태로 만든다.

2
냄비에 **1**과 우유를 넣고, 타지 않도록 저으면서 끓기 직전까지 가열한다.

3
볼에 달걀노른자와 비정제설탕을 넣고 하얗게 될 때까지 섞는다. 온도가 너무 식지 않게 우선 **2**의 ½을 넣고 섞은 후, 다시 냄비에 옮겨 담고 전체를 섞어 83℃까지 가열한다.

4
볼에 옮겨 담고, 얼음물이 담긴 볼 위에 얹어 식힌다.

5
생크림과 바나나크림 리큐어를 넣고 섞은 후, 아이스크림 기계에 넣는다.

Sauce au chocolat
초콜릿 소스

재료 만들기 적당한 분량

우유 lait 200g
생크림(유지방 38%) crème liquide 100g
시럽(그래뉴당과 물을 1:1로 끓여 식힌 것)
 sirop 150g

카카오파우더 cacao en poudre 100g
사워크림 crème fraîche 70g

만드는 방법

1
냄비에 우유, 생크림, 시럽을 넣고 가열한다. 카카오파우더를 넣고 골고루 섞은 후, 다시 끓으면 불을 끄고 체에 걸러 볼에 담는다.

2
한 김 식으면 사워크림을 넣고 섞는다.

[조합 + 플레이팅]

재료 마무리용

남은 사블레와 제누아즈 등
 chapelure ...... 적당량
카카오파우더
 cacao en poudre ...... 적당량
미니 바나나 칩
 chips de petit banane ...... 적당량
초콜릿(그물모양)
 chocolat copeau ...... 적당량

1

접시 위에 초콜릿 소스로 선을 그린다.

2

1의 소스 위에 아이스크림 고정용으로 사블레나 제누아즈 등을 조금 부수어 놓는다.

3

초콜릿 소스 주위에 카카오파우더를 뿌린다.

4

2의 위에 럭비공모양(크넬)의 바나나 아이스크림을 올리고, 칩과 초콜릿을 꽂는다.

5

구운 수플레를 올린다.

Fromage cru et sorbet aux fruits rouges

레어치즈케이크와 붉은 열매 소르베

스콘의 단짝으로 유명한 클로티드 크림(Clotted cream, 저온살균 처리하지 않은 우유를 가열하여 만든 스프레드 타입의 크림)을 디저트에 사용하였다. 유지방 함량이 많아 칼로리도 높은 리치한 프로마주 크뤼(레어치즈케이크).

Sablé breton
사블레 브레통

재료 15인분(가로 15×세로 3cm 틀 15개 분량)

버터 beurre 75g
소금 sel 3g
슈거파우더 sucre glace 43g

달걀노른자 janues d'œufs 23g
박력분 farine faible 75g

만드는 방법

1

실온의 버터를 부드럽게 풀어 포마드 상태로 만들고, 소금과 체에 친 슈거파우더를 섞는다.

2

1에 달걀노른자, 체에 친 박력분을 순서대로 넣고 골고루 섞는다.

3

베이킹시트 사이에 **2**를 넣고, 밀대로 2㎜ 두께로 민다. 냉장고에 1시간 정도 넣어둔다.

4

준비한 틀로 찍어 베이킹시트를 깐 오븐팬에 올리고, 150℃로 예열한 오븐에 20분 굽는다.

Cheese cream
치즈 크림

재료 7~8인분

크림치즈(유지방 75%) fromage à la crème 150g
프로마주 블랑 fromage blanc 150g
클로티드 크림 clotted cream 50g
생크림(유지방 38%) crème liquide 50g

그래뉴당 sucre semoule 60g
판젤라틴 gélatine en feuilles 1.5g
레몬즙 jus de citron 10g

만드는 방법

1

실온에서 부드러워진 크림치즈를 볼에 넣고 거품기로 부드럽게 푼다. 클로티드 크림과 프로마주 블랑을 넣고 섞는다.

2

냄비에 생크림과 그래뉴당을 넣고 끓인 후, 불을 끄고 물에 불려 물기를 제거한 판젤라틴을 넣고 섞으면서 녹인다.

3

2에 1을 조금씩 넣으면서 섞은 후, 다시 1에 넣고 전체를 골고루 섞는다. 레몬즙을 넣고 매끄러워질 때까지 섞는다.

4

사블레 브레통이 담긴 틀마다 3을 60g씩 짠다. 틀을 가볍게 흔들어 표면을 평평하게 다듬고, 냉장고에서 굳힌다.

Sorbet aux fruits rouges
붉은 열매 소르베

재료 30인분

물　eau　......　200g
그래뉴당　sucre semoule　......　66g
물엿　glucose　......　66g
믹스베리 퓌레(붉은 열매)　pulpe de fruits rouges　......　330g
레몬즙　jus de citron　......　76g

만드는 방법

1
냄비에 물, 그래뉴당, 물엿을 넣고 섞으면서 가열한다. 볼에 옮겨 담고, 얼음물이 담긴 볼 위에 얹어 섞으면서 식힌다.

2
나머지 재료를 넣고 섞은 후, 아이스크림 기계에 넣는다.

[조합 + 플레이팅]

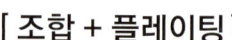

재료 마무리용

나파주　nappage　......　적당량
딸기, 블루베리, 라즈베리, 레드커런트 등의 베리류(신선한 것)
　　　berry　......　적당량
설탕장식*　bonbon　......　적당량

＊ 실리콘 베이킹 매트를 깐 오븐팬 위에 좋아하는 모양으로 솜사탕용 설탕인 아이소말트(Isomalt)를 펼치고, 설명서에 따라 오븐에 구워 식힌다.

1

치즈크림을 넣은 레어치즈케이크를 틀에서 분리하고, 표면에 마무리용 나파주를 바른 후 냉장고에서 식힌다. 나파주가 굳으면 가로를 2등분한 후, 자른 면(깔끔한 면)이 바깥을 향하게 접시 가운데에 담는다.

2

위에 소르베를 안정적으로 올리기 위해 딸기를 잘게 잘라 레어치즈케이크 위에 조금 올린다. 주위에 베리류를 보기 좋게 놓는다.

3

럭비공모양(크넬)의 소르베를 올린 후, 설탕장식을 꽂는다.

Foret noire

포레누아르

프랑스어로 「검은 숲」이란 의미.
독일 슈바르츠발트(Schwarzwald)에 있는 숲을 보고
만든 케이크. 생크림, 초콜릿, 그리오틴(Griottines,
키르슈에 절인 체리)이 전통적인 포레누아르를
가벼운 느낌의 글라스 디저트로 만들어준다.
겨울 디저트답게 단맛이 강하다.

Crème au chocolat
크렘 쇼콜라

재료 10인분(윗지름 8×높이 16㎝ 칵테일글라스 10잔 분량)

생크림(유지방 38%) crème liquide 100g
우유 lait 250g
달걀노른자 janues d'œufs 80g
그래뉴당 sucre semoule 50g
판젤라틴 gélatine en feuilles 3g
다크초콜릿(카카오 72%) couverture noir 50g

만드는 방법

1
냄비에 생크림과 우유를 넣고 끓기 직전까지 가열한다.

2
볼에 달걀노른자와 그래뉴당을 넣고 하얗게 될 때까지 섞는다. 온도가 너무 식지 않게 우선 **1**의 ½을 넣고 섞은 후, 다시 냄비에 옮겨 담아 전체를 섞으면서 83℃까지 가열한다.

3
2를 체에 걸러 볼에 담고, 물에 불려 물기를 제거한 젤라틴을 넣어 녹인다. 초콜릿을 넣고 섞으면서 녹인다.

4
얼음물이 담긴 볼 위에 얹어 식힌다. 칵테일글라스에 32g씩 넣고 냉장고에서 굳힌다.

Biscuit au chocolat
비스퀴 쇼콜라

재료 40인분 (30×40㎝ 오븐팬 1장 분량)

달걀흰자 blancs d'œufs 113g
그래뉴당 sucre semoule 100g
달걀노른자 janues d'œufs 72g
카카오파우더 cacao en poudre 37g

만드는 방법

1

믹서볼에 달걀흰자를 넣고 80% 정도 거품을 낸 후, 그래뉴당을 2~3번에 나누어 넣고 뿔이 단단하게 설 정도로 거품을 낸다.

2

1에 풀어놓은 달걀노른자를 넣고 실리콘주걱으로 가볍게 섞는다.

3

2에 체에 친 카카오파우더를 넣고 가볍게 섞는다. 여기서 너무 많이 섞으면 구울 때 단단해지므로 주의한다.

4

30×40㎝ 오븐팬에 베이킹시트를 깔고 3을 붓는다. 팔레트 나이프로 표면을 다듬어 8㎜ 두께로 만든다.

5

190℃로 예열한 오븐에 8분 굽는다. 중간에 한 번 오븐팬을 앞뒤로 바꾸어 넣는다. 구운 후 베이킹시트째 식힘망에 올려 그대로 식힌다.

6

뒤집어서 베이킹시트를 떼어 내고, 칵테일글라스에 차게 굳힌 크렘 쇼콜라의 표면과 지름 길이가 같은 세르클틀로 찍어 낸다.

Bavaroise neutre

바바루아 뇌트르

재료 15인분

우유 lait 150g

달걀노른자 janues d'œufs 55g

연유 lait concentré 36g

판젤라틴 gélatine en feuilles 5g

생크림(유지방 38%) crème liquide 230g

만드는 방법

1

냄비에 우유를 넣고 끓기 직전까지 가열한다.

2

볼에 달걀노른자와 연유를 넣어 잘 섞고, 온도가 너무 식지 않도록 우선 1의 ½을 넣고 섞은 후, 다시 냄비에 옮겨 담고 전체를 섞으면서 83℃까지 가열한다.

3

체에 걸러 볼에 담고, 물에 불려 물기를 제거한 판젤라틴을 넣어 녹인다. 얼음물이 담긴 볼 위에 얹어 굳기 직전까지 식힌다.

4

생크림을 80% 정도 거품을 내고, 3에 조금씩 넣으면서 거품이 꺼지지 않도록 실리콘주걱으로 재빨리 섞는다. 트레이 등에 담아 식혀 굳힌다.

Sorbet au chocolat

초콜릿 소르베

재료 10인분

우유 lait 200g

생크림(유지방 38%) crème liquide 50g

그래뉴당 sucre semoule 40g

다크초콜릿(카카오 55%) couverture noir 50g

초콜릿(발로나 사의 P125) chocolate(Valrhona P125) 40g

사워크림 crème fraîche 43g

만드는 방법

1
냄비에 우유, 생크림, 그래뉴당
을 넣고 가열한다.

2
볼에 2종류의 초콜릿을 넣은
후, **1**을 붓고 섞으면서 녹인다.

3
실온 정도로 식으면 사워크림
을 넣는다.

Florentin

플로랑탱 반죽

재료 만들기 적당한 분량

버터 beurre 30g

그래뉴당 sucre semoule 30g

물엿 glucose 30g

생크림(유지방 38%) crème liquide 15g

다진 아몬드 amandes hachées 50g

과일 콩피(취향대로) fruits confites 30g

만드는 방법

1
다진 아몬드는 굽고, 과일 콩피
는 굵게 다진다.

2
냄비에 버터, 그래뉴당, 물엿,
생크림을 넣고 가열한다.

3
2가 끓으면 **1**을 넣고 섞는다.

Emulsion

에멀션

재료 7~8인분

A | 우유 lait 200g
  | 생크림(유지방 38%) crème liquide 60g
  | 그래뉴당 sucre semoule 10g
카카오닙* grué de cacao 18g

* 카카오 원두를 볶아서 빻은 후, 외피와 배아를 제거한 것.

만드는 방법

1
냄비에 A를 넣고 가열한다. 끓으면 불을 끄고, 카카오닙을 넣고 뚜껑을 덮은 후 5분 정도 향을 우려낸다.

2
1을 체에 컬러 핸드블렌더로 거품을 낸다. 큰 거품이 없어지도록 섞고 그대로 둔다. 2~3번 반복하여 고운 거품을 만든다.

Tuiles

튀일

재료 만들기 적당한 분량

버터 beurre 50g
슈거파우더 sucre glace 50g
달걀흰자 blancs d'œufs 50g
박력분 farine faible 50g
플로랑탱 반죽(p. 186 참조) florentin ...... 적당량

만드는 방법

1

실온에서 포마드 상태가 된 버터, 슈거파우더, 달걀흰자, 박력분을 순서대로 볼에 넣고 잘 섞는다. 완성된 반죽을 고깔모양으로 접은 유산지에 담고 실리콘 베이킹 매트를 깐 오븐팬에 나뭇잎모양으로 짠다.

2

잎 가운데에 플로랑탱 반죽을 올리고 170℃로 예열한 오븐에 10분 굽는다.

[조합 + 플레이팅]

재료 마무리용

초콜릿(템퍼링하여 1㎜ 두께로 펴서 굳힌 것) chocolat ...... 적당량

그리오틴(키르슈 절임) griottines au kirsch ...... 적당량

1

마무리용 그리오틴은 반으로 잘라 물기를 제
거한다.

2

칵테일글라스의 크렘 쇼콜라 위에 세르클
틀로 찍어낸 비스퀴 쇼콜라를 올린다.

3

2의 위에 칵테일 글라스의 둘레를 따라 그
리오틴을 9개 정도*¹ 겹치게 놓는다.

4

둥근 깍지를 끼운 짤주머니에 바바루아 뇌
트르를 담고 3의 위에 2㎝ 높이로 짠다. 그
위에 바바루아 뇌트르의 표면 크기보다 조
금 작게 찍어낸 초콜릿을 올린다.*²

5

고깔모양으로 만든 유산지에 나머지 크렘 쇼
콜라를 담아 4의 초콜릿과 글라스 사이에
가늘게 짜서 틈을 메운다.*³

6

거품 낸 에멀션을 얹고, 럭비공모양(크넬)의
소르베를 올린다. 튀일을 꽂아 장식한다.

*¹ 그리오틴을 너무 많이 넣으면 먹
  을 때 입 안에서 알코올의 쓴맛이
  난다.

*² 이때 소르베가 미끄러지지 않도
  록 초콜릿 가운데에 튀일을 조금
  올려도 좋다.

*³ 아래로 에멀션이 스며들지 않도
  록 하기 위해서이다.

Crème d'ange et soupe de marron avec glace au miel d'acasia

아카시아꿀 아이스크림을 곁들인
크렘 당주와 밤수프

아카시아꿀로 아이스크림을 만들고, 가을의 미각을 즐길 수 있는 밤으로
가벼운 식감의 수프를 만들어 곁들였다.
수프에 넣는 우유는 가열할 때가 아니라 마지막에 넣어 담백한 느낌으로 완성.
크렘 당주(치즈 케이크의 일종)는 이탈리안 머랭으로 만든 가벼운 스타일.

Marron au sirop
밤조림

재료 만들기 적당한 분량

밤(껍질 벗긴 생밤)
    marron épluchés …… 700g

물 eau6 …… 600g

그래뉴당 sucre semoule …… 500g

꿀(아카시아) miel …… 200g

만드는 방법

1
냄비에 물(분량 외)을 끓이고, 껍질 벗긴 밤을 넣어 다시 끓으면 물을 따라낸다.

2
다른 냄비에 물, 그래뉴당, 꿀을 넣고 끓인다. 1을 넣고 뚜껑을 덮은 후, 가끔씩 거품을 걷어가며 약한 불로 40분 끓인다.

3
밤이 익으면 불에서 내려 그대로 실온에서 식힌다.

Crème d'ange
크렘 당주

재료 7인분(지름 6㎝ 코코트 7개 분량)

프로마주 블랑 fromage blanc …… 200g

레몬즙 jus de citron …… 4g

이탈리안 머랭 meringue italienne
    달걀흰자 blancs d'œufs …… 35g
A | 그래뉴당 sucre semoule …… 35g
   | 물 eau …… 20g

생크림(유지방 38%)
    crème liquide …… 80g

밤조림(위 참조)
    marron au sirop …… 7개

만드는 방법

1
지름 6㎝ 코코트에 15×15㎝ 크기의 거즈를 2장씩 깐다.

2
이탈리안 머랭을 만든다. 믹서볼에 달걀흰자를 거품 낸다. 냄비에 A를 넣고 118℃까지 가열한 후, 볼 가장자리에 조금씩 흘려 넣어 달걀흰자와 섞는다. 한 김 식으면 속도를 조금 줄인다.

3
프로마주 블랑과 레몬즙을 섞는다.

4
생크림을 80% 정도 거품 내고, 2의 이탈리안 머랭을 2번에 나누어 넣는다. 거품이 꺼지지 않게 실리콘주걱으로 재빨리 섞는다.

5	6	7

3에 4를 조금씩 넣고 재빨리 섞는다.	5를 짤주머니에 담아 준비한 코코트에 30g씩 짜 넣고, 가운데에 밤조림을 1개씩 넣는다.	반죽을 다시 30g씩 짜 넣고, 코코트를 바닥에 몇 번 쳐서 반죽이 잘 들어가게 한 후, 거즈를 덮는다. 냉장고에 하룻동안 넣어둔다.

Soupe de marron

밤수프

재 료 7~8인분

A | 우유 lait 200g
  | 밤 퓌레 pulpe de marrons 125g
달걀노른자 janues d'œufs 40g
그래뉴당 sucre semoule 20g
우유 lait 60g

만드는 방법

1	2	3	4

냄비에 A를 넣고 핸드블렌더로 섞는다. 불에 올려 끓기 직전까지 데우면서 섞는다.	볼에 달걀노른자와 그래뉴당을 넣고 하얗게 될 때까지 섞는다. 우선 1의 ½을 넣고 섞은 후, 다시 냄비에 옮겨 담고 전체를 섞으면서 83℃까지 가열한다.	걸쭉해지면 체에 걸러 볼에 담고, 얼음물이 담긴 볼 위에 얹어 식힌다.	식으면 우유를 넣고 핸드블렌더로 섞는다.

Crème glacée au miel d'acacia
꿀 아이스크림

재료 10~12인분

우유 lait 250g

생크림(유지방 38%) crème liquide 30g

버터 beurre 18g

달걀노른자 janues d'œufs 90g

꿀(아카시아) miel 100g

탈지분유 poudre de lait 35g

만드는 방법

1
냄비에 우유, 생크림, 버터를 넣고 끓기 직전까지 가열한다.

2
볼에 달걀노른자, 꿀, 탈지분유를 넣고 골고루 섞는다. 우선 **1**의 ½을 넣고 섞은 후, 다시 냄비에 옮겨 담아 전체를 섞으면서 83℃까지 가열한다.

3
체에 걸러 볼에 담고, 얼음물이 담긴 볼 위에 얹어 섞으면서 식힌다.

4
아이스크림 기계에 넣는다.

Tuiles au caramel
캐러멜 튀일

재료 만들기 적당한 분량

버터 beurre 100g

물엿 glucose 50g

물 eau 50g

그래뉴당 sucre semoule 150g

펙틴 NH pectine NH 3g

만드는 방법

1
냄비에 버터, 물, 물엿을 넣고 데운다.

2
그래뉴당과 펙틴을 골고루 섞은 후, **1**에 넣어 섞는다. 한소끔 끓으면 내열용기에 옮겨 담아 냉장고에 하룻밤 식힌다.

3
실리콘 베이킹 매트를 깐 오븐 팬 위에 **2**를 팔레트나이프로 얇게 펼치고, 170℃로 예열한 오븐에 15분 굽는다. 실리콘 베이킹 매트째 식힘망으로 옮겨 식힌다.

[조합 + 플레이팅]

재료 마무리용

금박 feuille d'or ...... 적당량

1

2

3

크렘 당주의 거즈를 벗기고 깊이가 있는 접시에 담는다. 밤조림을 작게 썰어 크렘 당주 위에 올린다.

크렘 당주 둘레에 밤수프를 담는다.

2의 위에 럭비공모양(크넬)의 아이스크림을 올리고, 적당한 크기로 자른 캐러멜 튀일을 꽂는다. 튀일과 수프 위에 금박을 장식한다.

Paris-brest au pralin rouge et fraises

로즈 프랄린과 딸기를 넣은 파리-브레스트

일본에도 점차 수입되고 있는 로즈 프랄린. 그 맛을 최대한 살릴 수 있도록 고심한 디저트이다.

파리-브레스트는 사이에 넣는 것이 정해져 있지는 않지만,

이 디저트의 중심 맛과 딸기와의 밸런스를 고려하여 여기서는 크림을 넣고 소르베를 곁들였다.

Pâte à choux

슈 반죽

재료 30개 분량

우유 lait ······ 100g

물 eau ······ 100g

버터 beurre ······ 90g

소금 sel ······ 4g

그래뉴당 sucre semoule ······ 8g

박력분 farine faible ······ 120g

달걀 œufs ······ 200g

로즈 프랄린* pralin rouge ······ 적당량

만드는 방법

1

냄비에 우유, 물, 버터, 소금, 그 래뉴당을 넣고 가열한다. 끓으 면 불을 끄고, 체에 친 박력분 을 넣어 덩어리지지 않게 실리 콘주걱으로 으깨면서 섞는다.

2

다시 불에 올려 실리콘주걱으 로 섞으면서 여분의 수분을 날 린다. 냄비 바닥에 얇은 막이 생 기면 믹서볼에 옮겨 돌리면서 식힌다. 이렇게 해야 다음에 넣 는 달걀이 응고되지 않는다.

3

2에 달걀을 1개씩 넣으면서 섞 는다. 1개가 섞이면 다음 달걀 을 넣고, 상태를 보면서 조절한 다. 반죽을 들었을 때 천천히 떨 어지는 정도가 되어야 한다.

4

지름 6㎝ 세르클틀 테두리에 박력분(분량 외)을 묻히고, 베이 킹시트를 깐 오븐팬에 찍어 원 형 자국을 남긴다.

5

짤주머니에 별모양 깍지를 끼 우고 **3**의 반죽을 담은 후, 박력 분 선을 따라 동그랗게 짠다. 30분 그대로 두어 표면을 건조 시킨다.

6

슈 반죽 위에 굵게 다진 로즈 프랄린을 뿌리고 가볍게 누른 후, 180℃로 예열한 오븐에 30 분 굽는다. 베이킹시트째 식힘 망에 옮겨 식힌다.

Crème au pralin rouge
로즈 프랄린 크림

재료 10인분

우유 lait 160g

생크림(유지방 38%) crème liquide 40g

로즈 프랄린(파우더*) pralin rouge en poudre 55g

달걀노른자 janues d'œufs 40g

박력분 farine faible 28g

버터 beurre 100g

만드는 방법

1

냄비에 우유, 생크림, 로즈 프랄린의 ½을 넣고 끓기 직전까지 가열한다.

2

볼에 달걀노른자와 나머지 로즈 프랄린을 넣고 거품기로 섞은 후, 박력분을 넣고 섞는다.

3

2에 1의 ½을 넣고 섞은 후, 다시 냄비에 옮겨 담고 전체를 섞는다. 중간 불에서 타지 않게 저으면서 수분을 날리고 걸쭉해질 때까지 가열한다.

4

볼에 옮겨 담고, 표면이 마르지 않게 반죽에 랩을 밀착시켜 씌운 후 실온 정도로 식힌다. 너무 식으면 다음 단계에서 버터를 넣을 때 굳게 되므로 주의한다.

5

버터를 전자레인지에 가볍게 돌려 부드럽게 만든 후(실온에 두어 부드럽게 만들어도 좋다), 믹서볼에 넣어 포마드 상태로 만든다. 계속 돌리면서 부드럽게 공기를 섞는다.

6

4의 커스터드를 믹서로 가볍게 풀어준 후, 5에 조금씩 넣으면서 부드러워질 때까지 섞는다. 버터가 단단해지면 볼 옆면을 버너로 데운다.

★ 믹서 등으로 갈아 가루 상태로 만든 것.

Sorbet au pralin rouge

로즈 프랄린 소르베

재료 10인분

우유 lait 300g
생크림(유지방 38%) crème liquide 60g
로즈 프랄린(파우더) pralin rouge 35g

아몬드파우더 amande poudre 15g
탈지분유 poudre de lait 13g

만드는 방법

1
냄비에 모든 재료를 넣고 끓인다.

2
볼에 옮겨 담고, 얼음물이 담긴 볼 위에 얹어 식힌 후 핸드블렌더로 간다.

3
아이스크림 기계에 넣는다.

Sauce à la fraise

딸기 소스

재료 만들기 적당한 분량

딸기(냉동·통째) fraises 500g
그래뉴당 sucre semoule 75g

레몬즙 jus de citron 5g

만드는 방법

1
진공팩에 모든 재료를 넣고, 진공포장기로 팩 속 공기를 뺀다.

2
80℃의 스팀 컨벡션 오븐에 넣고 약 30분 가열한다.*

3
얼음물에 팩째로 담가 식힌다. 딸기가 으깨지지 않도록 체에 걸러 과즙을 모은다.

* 또는 냄비에 뜨거운 물을 붓고 팩을 넣은 후, 약한 불로 끓기 직전 (80~90℃) 상태를 유지하여 과즙이 흘러나오게 둔다.

Marmelade à la fraise

딸기 마멀레이드

재료 만들기 적당한 분량

딸기(냉동·통째) fraises 250g
그래뉴당 sucre semoule 25g

버터 beurre 10g

만드는 방법

1
냄비에 모든 재료를 넣고 콩포트 상태가 되도록 조린다.

Fraises pochees

딸기 포셰

재료 만들기 적당한 분량

그래뉴당 sucre semoule 60g

딸기 소스(p.197 참조) Sauce à la fraise 120g

딸기 fraises ...... 적당량

만드는 방법

1
프라이팬에 그래뉴당을 넣고 캐러멜 상태가 될 때까지 졸인 후, 딸기 소스를 넣어 묽게 만든다. 볼에 옮겨 담고 식힌다.

2
딸기는 꼭지를 떼고 반으로 잘라 1에 넣는다. 표면에 랩을 밀착시켜 씌우고 30분간 그대로 놓아둔다.

[조합 + 플레이팅]

재료 마무리용

로즈 프랄린 pralin rouge ...... 적당량

슈거파우더 sucre glace ...... 적당량

딸기 fraises ...... 적당량

1

딸기 포셰는 소스에서 딸기를 건져내고 키친타월 위에 올려 수분을 제거한다.

2

파리-브레스트를 조립한다. 슈를 가로로 반을 가른 후, 아랫부분에 딸기 마멀레이드를 바르고 1의 딸기 포셰를 7~8개 올린다.

3

별모양 깍지를 끼운 짤주머니에 로즈 프랄린 크림을 담아 포셰 위에 짜고, 그 위에 남은 슈로 위를 덮는다.

4

포셰를 담가두었던 소스로 접시에 선을 그리고, 소르베가 미끄러지지 않게 굵게 다진 로즈 프랄린을 조금 놓는다.

5

접시의 빈 공간에 3의 파리-브레스트를 올리고, 슈거파우더를 뿌린다. 4의 위에 럭비공모양(크넬)의 소르베를 올리고, 빈 공간에 굵게 다진 로즈 프랄린을 뿌려 전체 밸런스를 맞춘다.

Carré au praliné et citron vert

프랄리네 라임 스퀘어

지금까지 만들어보지 않았던 라임과 프랄리네의 조합에 도전하였다.
레몬맛 봉봉 쇼콜라가 있어서 초콜릿과 잘 어울릴 거라고 생각했다.
같은 크기로 잘라서 쌓는 디자인인데,
파르페가 부드럽기 때문에 작업하기 편하도록 굳기를 조절하였다.

Pavé de chocolat

파베초콜릿[*]

* 벽돌모양의 초콜릿.

재료 24인분

다크초콜릿(카카오 72%) couverture noir 320g

버터 beurre 266g

그래뉴당 sucre semoule 160g

달걀 œufs 150g

달걀노른자 janues d'œufs 54g

박력분 farine faible 16g

만드는 방법

1

볼에 초콜릿과 버터를 넣고 중탕으로 녹이면서 섞는다.

2

중탕하면서 그래뉴당을 넣은 후, 합쳐둔 달걀과 달걀노른자를 넣고 매끄럽게 섞는다.

3

마지막으로 체에 친 박력분을 넣고 섞는다.

4

틀에 베이킹시트를 깔고 3을 부은 후, 표면을 평평하게 다듬는다.

5

150℃로 예열한 오븐에 8분 굽고(중간에 앞뒤를 바꾸어 넣는다) 틀에서 분리한다.

6

냉장고에서 식힌 후, 버너로 데운 칼로 5×5㎝ 크기로 자른다.

Mousse au praliné
프랄리네 무스

재료 24인분

파트 아 봉브 pâte à bombe
　달걀노른자 janues d'œufs 55g
　A ┃ 물 eau 15g
　　┃ 그래뉴당 sucre semoule 25g
이탈리안 머랭 meringue italienne
　달걀흰자 blancs d'œufs 45g
　B ┃ 그래뉴당 sucre semoule 78g
　　┃ 물 eau 20g

생크림(유지방 38%) crème liquide 255g
판젤라틴 gélatine en feuilles 5g
헤이즐넛 페이스트 pâte de noisette 90g

만드는 방법

1

파트 아 봉브를 만든다. 볼에 달걀노른자를 넣고 핸드블렌더로 하얗게 될 때까지 섞는다. 냄비에 A를 넣고 가열하여 118℃가 되면 볼에 조금씩 흘려 넣으면서 섞는다. 한 김 식으면 속도를 조금씩 줄인다.

2

이탈리안 머랭을 만든다. 믹서 볼에 달걀흰자를 넣고 80% 정도 거품을 낸다. 냄비에 B를 넣고 가열하여 118℃가 되면 달걀흰자가 든 볼에 조금씩 흘려 넣으면서 섞는다. 한 김 식으면 속도를 줄인다.

3

생크림을 80% 정도 거품을 낸 후, 일부를 덜어내 물에 불려 물기를 제거한 판젤라틴과 함께 내열용기에 넣고 전자레인지에서 가열하여 젤라틴을 녹인다.

4

이탈리안 머랭과 파트 아 봉브를 합치고 실리콘주걱으로 재빨리 섞는다.

5

큰 볼에 헤이즐넛 페이스트와 4를 조금 넣고 섞는다.

6

5에 3을 넣고 섞는다. 젤라틴 덩어리가 없으면 완성된 것.

7

6에 남은 4를 2~3번에 나누어 넣을 때마다 거품기로 재빨리 섞는다.

8

틀에 7을 붓고 표면을 다듬어서 공기를 뺀 다음, 냉장고에서 굳힌다. 5×5㎝ 크기로 잘라 실온에 두었다가 조합한다.

Parfait de citron vert
라임 파르페

재 료　24인분

사바용　sabayon
  그래뉴당　sucre semoule 200g
  달걀노른자　janues d'œufs 150g
  라임 퓌레　pulpe de citron vert 100g
생크림(유지방 38%)　crème liquide 300g
라임 제스트　zeste de citron vert râpé ...... ½개 분량
화이트초콜릿　couverture blanc ...... 적당량

만드는 방법

1
사바용을 만든다. 볼에 그래뉴당, 달걀노른자, 라임 퓌레를 넣고 거품기로 섞은 후, 60℃ 정도로 데운다. 핸드믹서로 섞으면서 식힌다.

2
생크림을 80% 정도 거품을 낸 후, 라임 제스트를 넣고 섞는다. 1의 사바용과 합쳐 재빨리 섞는다. 틀에 붓고 냉장고에서 굳힌다.

3
5×5㎝ 크기로 자르고, 조합하기 직전에 화이트초콜릿을 스프레이한다.

Sauce au praliné chocolat
프랄리네 초콜릿 소스

재 료　만들기 적당한 분량

우유　lait 150g
헤이즐넛 프랄리네　praliné noisette 80g
밀크초콜릿　couverture lactée 40g
프란젤리코　Frangelico 20g
증점제(젤 에스페사)　Gel espesa ...... 적당량

만드는 방법

1
우유를 끓인다.

2
볼에 헤이즐넛 프랄리네와 밀크초콜릿을 넣은 후, 1을 붓고 실리콘주걱으로 매끄러워질 때까지 섞는다.

3
얼음물이 담긴 볼 위에 얹어 식히면서 프란젤리코를 섞는다.

4
3에 200g에 1g의 비율로 증점제를 넣고 핸드믹서로 골고루 섞는다. 냉장고에 보관한다.

Confiture au citron et citron bert

레몬 라임 잼

재료 만들기 적당한 분량

레몬   citron 2개
라임   citron vert 2개
그래뉴당   sucre semoule 350g
물   eau 200g

만드는 방법

1
레몬과 라임을 통째로 중탕한 후 얇게 슬라이스하여 5mm 너비로 썬다. 꼭지와 씨를 제거.

2
냄비에 1, 그래뉴당, 물을 넣고 뚜껑을 덮어 껍질 안쪽이 투명해질 때까지 중간 불로 조린다.

3
뚜껑을 열고 약한 불로 줄여 부드러워질 때까지 가열한다.

[조합 + 플레이팅]

재료 마무리용

밀크초콜릿 (6×6㎝ 크기의 얇은 판)
　　couverture lactée 1인당 2.5장
금박   feuille d'or   ...... 적당량

1

1장의 밀크초콜릿 위에 라임 파르페를 올린다.

2

다른 1장의 밀크초콜릿 위에는 프랄리네 무스를 올린다.

3

접시 가운데에 실온에서 부드러워진 파베초콜릿을 올리고, 앞뒤에 잼을 담는다.

4

파베초콜릿 위에 2, 1 순서로 쌓는다.

* 　소스가 굳어서 짠 자국이 남을 때는 살짝 데워서 사용한다.

5

유산지로 고깔모양을 만들어 프랄리네 초콜릿 소스*를 담아 물방울모양으로 짠다. 금박을 올리고 밀크초콜릿 ½장을 꽂는다.

Tarte tatin
et glace vanille

바닐라 아이스크림을 곁들인
타르트 타탱

가정에서나 레스토랑에서나 어디서든 쉽게 만나는 프랑스 디저트의 기본.
파티세리에서는 차가운 것을 팔지만, 역시 따뜻한 타르트 타탱과
차가운 바닐라 아이스크림의 조합이 가장 맛있다.
소박한 디저트이므로 플레이팅은 심플하게 디자인.

Pâte brisée

브리제 반죽

재료 10인분

버터 beurre ······ 80g
박력분 farine faible ······ 125g
소금 sel ······ 3g
A ┃ 물 eau ······ 10g
　┃ 우유 lait ······ 10g

만드는 방법

1
잘게 썬 버터, 체에 친 박력분, 소금을 볼에 넣고 섞어 차갑게 둔다.

2
믹서볼에 1을 넣고 팔레트나이 프로 보슬보슬하게 섞는다.

3
A를 합쳐 2에 조금씩 넣으면서 덩어리지게 섞는다.*

★　지나치게 섞으면 글루텐이 생겨 반죽이 단단해지므로 주의한다.

4
반죽을 꺼내 사각형으로 만든 후, 비닐랩으로 싸서 냉장고에 30분~1시간 휴지시킨다.

5
밀대로 반죽을 2~3㎜ 두께로 얇게 밀고, 180℃로 예열한 오 븐에 10분 굽는다.

6
오븐에서 꺼내 3.5×16㎝의 직 사각형으로 자른 후, 다시 오븐 에 노릇하게 굽는다.

Crème glacée à la vanille

바닐라 아이스크림

재료 5~6인분

우유 lait ······ 120g
생크림(유지방 38%) crème liquide ······ 80g
바닐라빈 gousse de vanille ······ ¾개
달걀노른자 janues d'œufs ······ 60g
그래뉴당 sucre semoule ······ 40g

만드는 방법

1
냄비에 우유, 생크림, 바닐라빈 씨를 넣고 끓기 직전까지 가열 한다.

2
볼에 달걀노른자와 그래뉴당을 넣고 하얗게 될 때까지 섞는다. 우선 1의 ½을 넣고 섞은 후, 다 시 냄비에 옮겨 담아 전체를 섞 으면서 83℃까지 가열한다.

3
볼에 옮겨 담고, 얼음물이 담긴 볼 위에 얹어 섞으면서 식힌다. 냉장고에 하룻밤 넣어둔다.

4
3을 체에 걸러 아이스크림 기 계에 넣는다.

Pommes caramélisées
사과 캐러멜리제

재료 4인분

사과(홍옥) pommes 3개
그래뉴당 sucre semoule 90g
물 eau 30g

버터 beurre 70g
레몬즙 jus de citron 15g

만드는 방법

1

냄비에 그래뉴당과 물을 넣고 가열하여 짙은 갈색의 캐러멜 상태로 졸인다. 버터와 레몬즙을 넣고 캐러멜 덩어리가 없어질 때까지 섞는다.

2

사과 껍질을 벗기고 씨를 제거한 후 12등분하여 트레이에 올린다. 위에 1을 골고루 뿌린다.

3

트레이를 알루미늄 포일로 덮어 180℃로 예열한 오븐에 15분, 사과를 뒤집어 다시 15분 굽는다. 가끔씩 사과의 위치를 바꾸어가며* 전체가 골고루 익도록 반복하여 작업한다.

4

사과가 익으면 꺼내 한 김 식히고, 가로 15×세로 3×높이 3㎝ 직사각형 틀에 넣어(3에 남은 캐러멜 소스는 그대로 둔다) 냉장고에 하룻동안 보관한다.

＊   가장자리가 빨리 구워지므로 가장자리와 가운데의 사과를 바꿔 골고루 익힌다.

[조합 + 플레이팅]

1

틀에 담긴 사과 캐러멜리제를 180℃로 예열한 오븐에 5분 굽는다. 바깥쪽이 보글보글 끓으면 OK.

2

오븐에서 1을 꺼내 브리제 반죽으로 덮고, 뒤집어 틀에서 분리한다.

3

바닐라 아이스크림을 올릴 접시 위치에 브리제 반죽을 조금 부수어 올린다. 2와 럭비공 모양(크넬)의 바닐라 아이스크림을 올린다.

파티시에로서 걸어온 나의 길

1993년, 원래 변덕이 심해 고교 졸업 후 진로를 결정하지 못했던 나는 대학 진학 대신 좋아하는 것을 해보려고 프랑스 투르(Tours)로 어학연수를 갔다. 조부모님은 식당을 하셨고, 6살 위의 오빠는 독일 영사관의 프렌치 셰프였기 때문에 요리는 내가 선택할 수 있는 길 중 하나였다. 프랑스에 가서 아름다운 거리에 줄지어 있는 파티세리를 보면서, 보다 구체적으로 디저트를 만드는 미래를 꿈꾸게 되었다. 1년간 프랑스어를 공부한 후, 〈르 코르동 블뢰 파리(Le Cordon Bleu Paris)〉에 입학해 제과의 기초를 배우고, 파티세리 네 곳에서 연수를 받았다. 디저트 만들기에서 즐거움과 가능성을 발견한 나는 돈을 모아 프랑스에서 본격적인 수업을 받기로 결심하고, 4년의 유학을 마치고 1997년 귀국하였다.

고향인 시즈오카현 가키가와시의 양과자점, 요코하마의 〈레종(Region)〉을 거쳐, 처음으로 레스토랑 디저트를 만들기 시작한 도쿄 텐노우즈[天王洲]의 〈라 카사 니키(La Casa NIKI)〉에서 활동할 무렵 프랑스 워킹홀리데이 심사에 통과하였다. 동시에 라 카사 니키에서 총요리장으로 있던 마크 보나르(Marc Bonard) 씨가 〈피에르 에르메(Pierre Hermé)〉의 리샤르 르두(Richard Ledu) 씨를 소개해주어 에르메가 프로듀스한 파리의 레스토랑 〈코로바(Korova)〉에서 일하게 되었다.

2000년, 나는 기대에 한껏 부풀어 두 번째로 프랑스를 방문하였다. 그 직후에 피에르 에르메의 부티크가 완성되면서, 레스토랑에서 직접 디저트를 만들지 않고 부티크의 주방에서 만든 디저트를 가져오게 되었다. 분업화된 디저트가 아닌 레스토랑 디저트를 만드는 일에 매력을 느낀 나는 결국 〈코로바〉에서 반 년 동안 경험을 쌓은 후 새로운 직장을 찾게 되었다.

하지만 다음 직장을 바로 찾기란 어려웠고, 프랑스에서 경험이 많지 않은 내가 원하는 곳에 쉽게 들어갈 수 있는 것은 아니었다. 그런 상황을 지켜본 친구가 자신이 일하던 〈그룹 알랭 뒤카스(Group Alain Ducasse)〉에 나를 소개해주었고, 같은 그룹인 파리의 레스토랑 〈59 푸앵카레(59 Poincaré)〉에서 자리를 구할 수 있게 되었다. 그곳에서 일하는 동안, 같은 그룹의 셰프 파티시에 프레데릭 로베르(Frederic Robert) 씨가 추천서를 써주어 그 후에도 장기간 프랑스에서 일할 수 있게 되었다.

같은 그룹인 불랑제리 〈be〉를 경험하고 정착한 곳이 3스타 레스토랑인 〈알랭 뒤카스 오 플라자 아테네(Alain Ducasse au Plaza Athenee)〉였다. 2~3개월 전에 그룹의 셰프 파티시에에게 플라자 아테네에서 일하고 싶다고 말한 것을 기억하고 있었던 것 같았다. 3스타 특유의 긴장된 분위기에서 매일 느끼는 긴장감은 엄청났지만, 엄격한 현장에서 디저트를 만들고 배운 것이 지금의 나를 있게 했다.

2006년 3월, 나는 레스토랑에서 일하는 프로들이 디저트 실력을 겨루는 〈제32회 프랑스 디저트 선수권〉에 출전하였다. 중간에 기권하고 싶을 만큼 극심한 긴장감에 울고 싶은 마음으로 결선을 치렀는데, 메이플 시럽과 감귤류를 테마로 한 디저트로 우승하면서 자신감을 얻게 되었다. 한 심사위원이 「마리, 당신의 디저트는 아무리 배가 불러도 먹고 싶은 디저트입니다」라고 말해주었는데, 지금 생각해도 잊을 수 없는 영광의 추억이다.

같은 해 11월 말에 나는 독립을 위해 귀국하였다. 아오야마의 〈브누아(Benoit)〉에 셰프 파티시에로 취임한 후 〈그룹 알랭 뒤카스〉에서 퇴사하였다. 그리고 2008년 8월에 프리랜서로 새로운 출발을 시작하였다. 현재의 직책은 디저트 플래너이다. 레스토랑에 레시피를 제안하거나 기술을 지도하고, 제과학교에서 강의하거나, 집에서 요리교실을 진행하는 등 여러 가지 일을 하고 있다.

고교 졸업 후 파티시에를 목표로 했던 때부터 지금까지 내가 배운 것들과 기술을 제자들에게 전달하고 있다는 사실이 기쁘다. 결국 나의 가게를 가지고 마리 다나카의 맛을 좀 더 많은 사람에게 알려주고 싶은 꿈을 이루기 위해 앞으로 나아가며 하루하루를 충실하게 보내고 있다.

Bûche de nöel
à l'omelette norvegienne

노르베지엔 오믈레트를 응용한
뷔슈 드 노엘

노르베지엔 오믈레트는 예부터 프랑스에서 전해온 디저트로,
기본적으로 아이스크림과 제누아즈(스펀지케이크)에 머랭을 발라 굽는다.
맛의 기본은 바닐라와 딸기이지만, 어떤 맛을 조합해도 좋다.
가운데에 아이스크림을 넣는 등 다양한 형태로 서빙할 수 있는 점도 매력적.

Pâte à génoise
제누아즈 반죽

재료 30인분

달걀(중간 크기) œufs 3개
그래뉴당 sucre semoule 110g
물엿 glucose 15g
박력분 farine faible 100g
우유 lait 60g

만드는 방법

1

믹서볼에 달걀, 그래뉴당, 물엿*1을 넣고 반죽이 리본모양을 남기면서 떨어질 정도까지 거품을 낸다.*2

2

1의 볼에 체에 친 박력분을 조금씩 넣으면서 섞다가, 마지막에 우유를 넣는다.

3

30×40㎝ 오븐팬에 베이킹시트를 깔고 2의 반죽을 부은 후, 표면을 평평하게 다듬고 팬을 바닥에 두들겨 공기를 뺀다.

4

180℃로 예열한 오븐에 15분 구운 후 식힌다.

5

식으면 시트를 분리한 후 가장자리를 깔끔하게 잘라낸다. 틀의 크기(가로 30×세로 4.5㎝)에 맞춰 자른다.

6

노릇하게 구워진 표면을 얇게 잘라낸다.

*1 물엿이 단단해지면 30~40℃로 중탕하여 부드럽게 만든다. 단, 너무 뜨거우면 달걀이 익으므로 주의한다.

*2 처음에는 고속으로 섞다가 점차 저속으로 섞어 고운 반죽으로 완성한다.

Sorbet au fraise
딸기 소르베

재 료 10인분

물 eau 200g
그래뉴당 sucre semoule 66g
물엿 glucose 66g
딸기 퓌레 pulpe de fraise 330g
레몬즙 jus de citron 76g

만드는 방법

1
냄비에 물, 그래뉴당, 물엿을 넣고 섞으면서 끓인다. 볼에 옮겨 담고, 얼음물이 담긴 볼 위에 얹어 식힌다.

2
1에 딸기 퓌레와 레몬즙을 넣은 후, 아이스크림 기계에 넣는다.

Crème glacée à la vanille
바닐라 아이스크림

재 료 10인분

우유 lait 240g
생크림(유지방 38%) crème liquide 160g
바닐라빈 gousse de vanille 1개
달걀노른자 janues d'œufs 120g
그래뉴당 sucre semoule 80g

만드는 방법

1
냄비에 우유, 생크림, 바닐라빈 씨를 넣고 끓기 직전까지 가열한다.

2
볼에 달걀노른자와 그래뉴당을 넣고 하얗게 될 때까지 섞는다. 우선 1의 ½을 넣고 섞은 후, 다시 냄비에 옮겨 담고 전체를 섞으면서 83℃까지 가열한다.

3
볼에 옮겨 담고, 얼음물이 담긴 볼 위에 얹어 섞으면서 식힌다. 냉장고에 하룻밤 넣어둔다.

4
3을 체에 걸러 아이스크림 기계에 넣는다.

Pâte à meringues

머랭 반죽

재료 10인분

달걀흰자 blancs d'œufs 160g

그래뉴당 sucre semoule 90g

달걀노른자 janues d'œufs 80g

만드는 방법

1

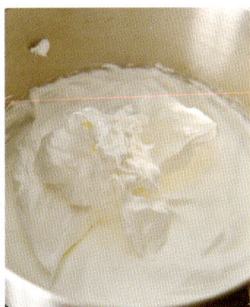

2

볼에 달걀흰자를 넣고 거품을 낸 후, 그래뉴당을 조금씩 넣으면서 뿔이 뾰족하게 설 정도로 머랭을 만든다.

1에 풀어놓은 달걀노른자를 넣고 거품이 꺼지지 않게 실리콘 주걱으로 재빨리 섞는다. 반죽이 퍼질 수 있으므로 조합하기 직전에 만든다.

Sauce à la framboise

라즈베리 소스

재료 만들기 적당한 분량

라즈베리 퓌레 pulpe de framboise 200g

그래뉴당 sucre semoule 20g

레몬즙 jus de citron 10g

만드는 방법

1

냄비에 재료를 모두 넣고 끓인 후 식힌다. 냉장고에 보관한다.

[조합 + 플레이팅]

재료 마무리용

베리류 과일 berry ...... 적당량

슈거파우더 sucre glace ...... 적당량

금박 feuille d'or ...... 적당량

1

가로 30×세로 5×높이 4㎝의 홈통형 틀 안에 소독용 알코올이나 물을 뿌린 후, 꺼내기 쉽게 비닐랩을 씌우고 냉동실에 차게 둔다.

2

짤주머니에 딸기 퓌레를 담고 1의 틀에 ⅓정도 채운 후, 스푼으로 평평하게 다듬는다.

3

짤주머니에 바닐라 아이스크림을 담고 틀에 80%까지 채운 후, 스푼으로 평평하게 다듬는다. 케이크 시트의 표면을 잘라낸 쪽이 아래로 가게 넣은 후 덮개를 덮고 누른다. 냉동실에 차게 굳힌다.

4

접시에 라즈베리 소스로 선을 그리고, 그 위에 마무리용 과일을 보기 좋게 올린다.

5

3이 굳으면 틀에서 꺼내 8㎝ 길이로 자르고, 팔레트나이프로 표면에 머랭 반죽을 바른다. 시트에 닿는 부분은 바르지 않는다.[★]

> ★ 나무 그루터기 같은 모양으로 완성하기 위해 울퉁불퉁하게 바른다. 이때 아이스크림에 서리가 생기면 머랭이 잘 발리지 않으므로 서리를 제거한다. 또한 구울 때 머랭이 오븐팬에 붙으면 테두리가 탈 수 있으므로 머랭이 바닥의 케이크 시트에 붙지 않게 주의하면서 바른다.

6

5의 위에 둥근 깍지로 머랭 반죽을 버섯모양으로 짠다.

7

6을 베이킹시트 위에 올리고 240℃로 예열한 오븐에 1분 굽는다. 토치로 그을려 노릇하게 색을 낸 후 4의 접시에 올리고, 위에 과일로 장식한다. 전체적으로 슈거파우더를 뿌리고 금박으로 장식한다.

Tarte aux pommes et sa sabayon calvados, glace à la cannelle

칼바도스 사바용 사과 타르트와 시나몬 아이스크림

타르트에 사과를 사용하는 것과 아이스크림의 맛도 이미 결정되었기 때문에 그것들을 잘 조절하여 치밀한 레시피가 되도록 계산하였다.

사바용은 요리에도 자주 사용되는 소스로 구우면 더욱 맛있다. 타르트와도 잘 어울린다.

Pâte sucrée
쉬크레 반죽

재료 20개 분량

버터 beurre 163g

그래뉴당 sucre semoule 115g

달걀 œufs 36g

아몬드파우더 amande poudre 32g

박력분 farine faible 210g

강력분(덧가루) farine forte ...... 적당량

달걀물 dorure ...... 적당량

만드는 방법

1

실온에 둔 버터를 믹서볼에 넣고 부드럽게 풀어준 후, 그래뉴당을 넣고 섞는다. 풀어놓은 달걀, 체에 친 아몬드파우더와 박력분을 넣고 섞는다.

2

1을 베이킹시트 사이에 넣고, 밀대로 2㎜ 두께로 밀어 냉장고에 30분~1시간 넣어둔다.

3

베이킹시트를 제거하고 지름 8㎝ 세르클틀로 찍어낸 다음, 덧가루를 뿌린 지름 6㎝(윗부분) 타르트틀에 깐다. 엄지손가락으로 반죽을 가볍게 눌러 틀 안쪽에 밀착시킨다.

4

구울 때 줄어들지 않게 반죽을 틀 가장자리에 걸치고 칼 끝을 위로 향해 여분의 반죽을 잘라낸다. 누름돌(팥)로 눌린 자국이 남지 않게 냉장고에 차게 넣어둔다.

5

반죽 위에 베이킹시트를 깔고 건조시킨 팥을 채운 후, 160℃로 예열한 오븐에 15분 굽는다.

6

팥과 베이킹시트를 제거하고, 표면에 브러시로 달걀물을 바른다. 노릇해지도록 5분 굽고, 틀째 식힌다.

Compote de pomme
사과 콩포트

재료 12인분

사과(홍옥) pomme 380g
그래뉴당 sucre semoule 90g
버터 beurre 30g
레몬즙 jus de citron 14g
바닐라빈 gousse de vanille ...... ⅓개

만드는 방법

1
사과는 껍질과 씨를 제거하고 다진다.

2
냄비에 1과 나머지 재료를 모두 넣고 수분이 없어질 때까지 조린다.

Crème glacée à la cannelle
시나몬 아이스크림

재료 10인분

우유 lait 250g
생크림(유지방 38%) crème liquide 80g
시나몬파우더 cannelle poudre 0.5g
달걀노른자 janues d'œufs 50g
그래뉴당 sucre semoule 40g
럼건포도 raisins secs marinés au rhum 60g

만드는 방법

1
냄비에 우유, 생크림, 시나몬파우더를 넣고 끓기 직전까지 가열한다.

2
볼에 달걀노른자와 그래뉴당을 넣고 하얗게 될 때까지 섞는다. 우선 1의 ½을 넣고 섞은 후, 다시 냄비에 옮겨 담고 전체를 섞으면서 83℃까지 가열한다.

3
2를 체에 걸러 볼에 담고, 얼음물이 담긴 볼 위에 얹어 식힌다.

4
럼건포도를 넣고 아이스크림 기계에 넣는다.

Sabayon au calvados

칼바도스 사바용

재료 8인분

달걀노른자   janues d'œufs 75g
시럽(그래뉴당과 물을 1:1로 끓여 식힌 것)   sirop 60g
칼바도스   calvados 15g

만드는 방법

1
볼에 모든 재료를 넣고 섞는다.
중탕하면서 거품을 낸다. 60℃
까지 데우고, 걸쭉해지면 중탕
을 멈추고 믹서에 돌리면서 식
힌다.

Sauce caramel

캐러멜 소스

재료 만들기 적당한 분량

그래뉴당   sucre semoule 200g
물   eau 100g

만드는 방법

1
냄비에 그래뉴당을 넣고 가열
한다. 캐러멜 상태가 되면 물을
넣어 묽게 만든다.

[조합 + 플레이팅]

재료 마무리용

사과(홍옥) pomme ...... 1개 / 11인분
슈거파우더(데코 스노)
  sucre glace(poudre decor) ...... 적당량

1

타르트를 조합한다. 쉬크레 반죽이 담긴 타르트틀에 사과 콩포트를 반 정도 채운다.

2

사과는 껍질과 씨를 제거하고, 6등분하여 빗모양으로 2~3㎜ 두께로 썬다. 1의 테두리를 따라 나란히 올리고, 가운데에도 사과를 올린다.

3

180℃로 예열한 오븐에 2를 9~10분 굽는다.

4

한 김 식으면 타르트틀을 분리한다. 타르트 위에 사바용을 얹고 슈거파우더를 뿌려 220℃로 예열한 오븐에 3~4분 굽는다.

5

굽는 동안 다른 재료를 접시에 담는다. 아이스크림을 고정하기 위해 사과 콩포트를 조금 담는다.

6

캐러멜 소스를 뿌리고, 럭비공모양(크넬)의 시나몬 아이스크림을 5 위에 올린다.

7

구운 타르트를 올리고, 슈거파우더를 가볍게 뿌린다.

Fine tarte aux pommes / patate douce et glace au Mitsuhimé

사과 고구마 타르트와 미쓰히메 아이스크림

예전에 일했던 요코하마의 양과자점에서
고구마와 사과를 조합하여 타르트를 만들었는데 아주 인상적이었다.
그 조합을 기본으로 마멀레이드를 만들어 사블레에 바르고,
신선한 사과, 콩피, 칩으로 장식하여 보기에도 좋고
시각적인 면과 식감을 연구하여 만든 디저트이다.

Sablé aux amandes
아몬드 사블레

재료 20인분(25×30㎝ 틀 1개 분량)

마지팬 로마세 pâte d'amande crue 120g
그래뉴당 sucre semoule 13g
버터 beurre 120g
강력분 farine forte 140g

만드는 방법

1
믹서볼에 마지팬 로마세를 넣어 가볍게 돌린 후, 그래뉴당을 넣어 골고루 섞는다.

2
1에 실온에 둔 버터를 넣어 부드럽게 섞고, 체에 친 강력분을 넣는다.

3
반죽을 베이킹시트 사이에 넣고 밀대로 2㎜ 두께로 밀어 1시간 정도 냉장고에서 휴지시킨다.

4
베이킹시트를 제거하고 오븐팬에 올려 150℃로 예열한 오븐에 20분 굽는다.

5
오븐팬을 꺼내고, 따뜻할 때 틀 크기(25×30㎝)에 맞게 잘라 식힌다.

Crème glacée au Mitsuhimé
미쓰히메 아이스크림

재료 20인분

A │ 미쓰히메*(구워서 고운 체에 내린 것) patate douce 240g
　 │ 우유 lait 150g
　 │ 비정제설탕 cassonade 40g
우유 lait 250g
생크림(유지방 47%) crème liquide 90g
달걀노른자 janues d'œufs 120g
비정제설탕 cassonade 40g

*　일본 다네가섬[種子島] 특산품으로 당도 40% 이상의 고구마.

만드는 방법

1
냄비에 A를 넣고 실리콘주걱으로 섞으면서 끓인다.

2
다른 냄비에 우유와 생크림을 넣고 끓기 직전까지 가열한다.

3
볼에 달걀노른자와 비정제설탕을 넣고 하얗게 될 때까지 섞는다. 2의 ½을 넣고 섞은 후, 다시 냄비에 옮겨 담고 전체를 섞으면서 83℃까지 가열한다.

4
3을 체에 걸러 볼에 담고 1과 합쳐 골고루 섞는다. 얼음물이 담긴 볼 위에 얹어 식히고, 아이스크림 기계에 넣는다.

Marmelade aux pommes / patate douce

사과 고구마 마멀레이드

재 료 20인분

고구마(미쓰히메·구워서 껍질을 벗기고 1㎝ 크기로 깍둑썰기한 것) patate douce 280g

사과(홍옥·껍질과 씨를 제거하고 5㎜ 크기로 깍둑썰기한 것) pommes 2개

비정제설탕 cassonade 50g

레몬즙 jus de citron 16g

칼바도스 calvados 30g

만드는 방법

1

냄비에 사과, 비정제설탕, 레몬즙을 넣고 섞으면서 끓인다. 충분히 뜨거워지면*¹ 칼바도스를 넣어 플랑베한 후 수분이 없어질 때까지 조린다.

2

1의 ½을 덜어내 핸드블렌더로 갈고*² 냄비에 다시 옮겨 담는다. 고구마를 넣고 섞으면서 1분 정도*³ 가열한다.

3

트레이에 평평하게 펼쳐서 식힌다.

4

25×30㎝ 틀에 넣은 사블레(p.219 참조) 위에 3을 평평하게 바른다. 틀을 분리하고 냉동실에 식혀서 굳힌다. 굳으면 11×3㎝ 크기로 자른다.

★1 뜨거워지지 않으면 칼바도스에 불이 붙지 않는다.

★2 모든 재료를 블렌더로 갈면 사과의 식감이 줄어든다.

★3 고구마의 모양이 남도록 너무 많이 섞지 않는다. 냄비 옆면에 붙는 상태가 되면 OK.

Sauce à la pomme
사과 소스

재 료 15인분

그래뉴당 sucre semoule 60g

사과(홍옥) 껍질 écore de pomme ...... 3개 분량

레몬즙 jus de citron 12g

칼바도스 calvados 10g

물 eau 160g

그래뉴당 sucre semoule 16g

펙틴NH pectine NH 2g

만드는 방법

1
냄비에 그래뉴당을 넣고 가열하여 투명한 캐러멜 상태로 졸인다. 사과 껍질과 레몬즙을 넣고 전체를 섞는다. 칼바도스로 플랑베한다.

2
1에 물을 넣고 사과 껍질에서 색이 우러나도록 끓인다.

3
2를 체에 걸러 다시 냄비에 담고 가열한다.

4
그래뉴당과 펙틴을 골고루 섞은 후, 3에 넣고 섞는다. 한소끔 끓으면 불을 끄고 식힌다.

[조합 + 플레이팅]

재 료 마무리용

꽃사과 콩피 confit de petites pommes ...... 적당량

사과(홍옥) pomme ...... 적당량

고구마(미쓰히메·구워서 껍질을 벗기고 1㎝ 크기로 깍둑썰기한 것) patate douce ...... 적당량

미쓰히메 칩* Chips au Mitsuhimé ...... 적당량

사과 칩 Chips au pomme ...... 적당량

*
슬라이스하여 물에 담가 쓴맛을 제거한 후, 물기를 빼고 180~190℃로 달군 기름에 튀긴 것.

1
꽃사과 콩피를 빗모양으로 썬다. 사과는 껍질째 빗모양으로 얇게 썰고, 고구마는 구워서 껍질을 벗겨 1㎝ 크기로 깍둑썰기한다.

2
사블레에 마멀레이드를 발라 11×3㎝로 크기로 자른 것 위에 1과 사과 칩, 미쓰히메 칩 등으로 장식한다.

3
접시 위에 남은 마멀레이드를 조금 담고, 사과 소스를 뿌린다. 2, 럭비공모양(크넬)의 아이스크림을 올린다.

Blanc et rouge,
parfumé à la rose

장미향이 감도는
화이트와 레드의 콘트라스트

「허브티용 말린 장미를 사용한다」는 테마에서 아이디어를 낸 디저트.
장미는 주인공이 되기 어려워서 잼이나 소스로 만들어 향을 강조하고,
딸기를 메인으로 해서 조합한 디저트이다. 겨울철 눈싸움의 눈뭉치처럼,
머랭과 소르베를 사용하여 하얀 동그라미를 만들었다.

Pâte à génoise
제누아즈 반죽

재료 40~50인분

달걀(중간 크기) œufs 3개

그래뉴당 sucre semoule 110g

물엿 glucose 15g

박력분 farine faible 100g

우유 lait 60g

만드는 방법

1
믹서볼에 달걀, 그래뉴당, 물엿을 넣고 반죽이 리본모양을 남기면서 떨어질 정도까지 휘퍼로 섞어 거품을 낸다.

2
1의 볼에 체에 친 박력분을 조금씩 넣으면서 섞는다. 마지막에 우유를 넣는다.

3
30×40㎝ 정도의 오븐팬에 베이킹시트를 깔고 2의 반죽을 부은 후 표면을 평평하게 다듬는다. 180℃로 예열한 오븐에 15분 굽는다.

4
베이킹시트째 식힘망에 옮겨 식힌다. 2~3㎜ 두께로 잘라 지름 3㎝ 세르클틀로 찍어낸다.

Sorbet au fromage blanc
프로마주 블랑 소르베

재료 10인분

그래뉴당 sucre semoule 60g

물 eau 140g

물엿 glucose 23g

A | 프로마주 블랑 fromage blanc 100g

　 | 레몬즙 jus de citron 15g

　 | 꿀 miel 12g

　 | 생크림(유지방 38%) crème liquide 45g

장미잼(p.224 참조) confiture de rose 10개

제누아즈 반죽(위 참조) pâte à génoise 10장

만드는 방법

1
냄비에 그래뉴당, 물, 물엿을 넣고 불에 올려 섞으면서 녹인다. 볼에 옮겨 담고, 얼음물이 담긴 볼 위에 얹어 섞으면서 식힌다.

2
1에 A를 넣고 섞은 후, 아이스크림 기계에 넣는다.

3
지름 5㎝ 반구형 실리콘틀에 2의 소르베를 60% 정도 채운다.

4
얼린 장미잼을 가운데에 넣고, 소르베를 다시 90%까지 채운다. 제누아즈 반죽을 덮어 냉동한다.

Confiture à la rose

장미 잼

재료 50인분

A | 물 eau 520g
    | 그래뉴당 sucre semoule 250g
    | 소금 sel 1g
    | 레몬즙 jus de citron 50g
건조 장미 rose séchée 10g
식용 장미(레드) fleur de rose 10g

그래뉴당 sucre semoule 30g
펙틴 NH pectine NH 5g

만드는 방법

1

식용 장미는 꽃받침과 꽃가루 등을 제거하고 꽃잎만 떼어놓는다.

2

냄비에 A를 넣고 가열하다, 끓기 시작하면 불에서 내려 건조 장미를 넣고 뚜껑을 덮어 장미 꽃잎을 불린다.

3

2에 1의 식용 장미를 넣고 다시 가열한다.

4

끓으면 그래뉴당과 펙틴 섞은 것을 넣고 실리콘주걱으로 섞는다. 한소끔 끓으면 불을 끄고 실온에서 식힌다. 지름 3㎝ 반 구형 실리콘틀에 넣고 냉동실에서 굳힌다.

Marmelade à la fraise

딸기 마멀레이드

재료 15인분

딸기(냉동·통째) fraise 250g
그래뉴당 sucre semoule 25g
버터 beurre 10g

만드는 방법

1
냄비에 모든 재료를 넣고 불에 올려 콩포트 상태로 조린다.

Meringues
머랭

재료 30인분

달걀흰자 blancs d'œufs 80g
그래뉴당 sucre semoule 80g
슈거파우더 sucre glace 80g

만드는 방법

1
믹서볼에 달걀흰자를 넣고 80% 정도 거품을 낸다.

2
그래뉴당을 2~3번에 나누어 넣고 섞어 뿔이 뾰족하게 설 정도로 거품을 낸다. 표면이 거친 상태에서 마무리한다.

3
체에 친 슈거파우더를 넣고, 실리콘주걱으로 재빨리 섞는다.

4
지름 5㎝ 반구형 실리콘틀에 3을 짜 넣고, 가운데를 스푼으로 눌러 움푹하게 만든다.*

5
70℃로 예열한 오븐에 약 3시간 건조하듯이 굽는다.

6
꺼내서 한 김 식힌 후, 테두리가 마르면 틀에서 분리한다.

7
머랭의 둥근 돔 부분을 평평하게 자른다.

* 구울 때 팽창하므로 너무 두껍게 만들지 않지만, 너무 얇으면 부서지기 쉽기 때문에 두께가 적당해야 한다.

Gelée de citron / rose
레몬 잼 젤리

재료 만들기 적당한 분량

물 eau 250g
그래뉴당 sucre semoule 30g
판젤라틴 gélatine en feuilles 5g

레몬즙 jus de citron 20g
장미 리큐어 liqueur de rose 20g
건조 장미 rose séchée ...... 적당량

만드는 방법

1

냄비에 물과 그래뉴당을 넣고 끓이다가 물에 불려 물기를 제거한 판젤라틴을 넣어 녹인다.

2

볼에 옮겨 담고, 얼음물이 담긴 볼 위에 얹어 식힌다. 레몬즙을 넣어 섞는다.

3

식으면 장미 리큐어와 건조 장미를 넣는다.*

4

냉장고에 하룻밤 식히고, 굳으면 전체를 섞는다.

* 알코올은 날아가기 쉬우므로 리큐어는 식은 후에 넣는다. 또한 건조 장미는 색이 바랠 수 있으므로 짙은 색을 골라두는 것이 좋다.

Crème chantilly

크렘 샹티이

재료 만들기 적당한 분량

생크림(유지방 38%) crème liquide 200g
그래뉴당 sucre semoule 20g

만드는 방법

1
볼에 생크림과 그래뉴당을 섞고 거품기로 거품을 낸다.

[조합 + 플레이팅]

재료 마무리용

딸기[*] (깍둑썰기와 6등분 자르기용)
　　fraise ...... 적당량
식용 장미 rose ...... 적당량
슈거파우더 sucre glace ...... 적당량

* 마무리용 딸기는 꼭지를 떼고 2~3mm 크기로 깍둑썰기하여 적당량의 마멀레이드와 합쳐둔다.

1

접시에 고정용 마멀레이드를 조금 올리고 머랭의 평평한 부분이 아래로 가게 놓는다. 머랭 가운데에 마무리용 딸기와 마멀레이드를 합친 것을 담는다.

2
크렘 샹티이를 채우고 평평하게 다듬는다.

3

2의 머랭 테두리를 따라 딸기를 6등분하여 나란히 올리고, 가운데는 깍둑썰기한 딸기로 메운다. 둘레에 젤리를 뿌린다.

4

틀에서 프로마주 블랑 소르베를 빼내 둥근 부분이 위로 가게 놓은 후, 슈거파우더를 뿌린다.

5

3의 위에 4를 올리고 맨 위에 식용 장미 꽃잎을 올려 장식한다.

Damier de chartreuse et fruits

샤르트뢰즈 과일 다미에

약초 리큐어, 샤르트뢰즈를 사용한 아이스크림이 메인인 디저트.
샤르트뢰즈만으로는 쓴맛이 나므로 타임을 넣어 맛을 조절한다.
원래 사용하고 싶었던 딸기는 오렌지와 타임을 섞어 젤리를 만들고,
아이스크림과 함께 바둑판모양으로 플레이팅.

Biscuit joconde

비스퀴 조콩드

재료 20~24인분(24×33㎝ 틀 2개 분량)

달걀 œufs 180g	달걀흰자 blancs d'œufs 103g
아몬드파우더 amande poudre 88g	그래뉴당 sucre semoule 64g
슈거파우더 sucre glace 88g	박력분 farine faible 33g
	녹인 버터 beurre fondu 20g

만드는 방법

1
볼에 달걀, 아몬드파우더, 체에 친 슈거파우더를 넣고 핸드믹서로 하얗게 될 때까지 섞는다.

2
다른 볼에 달걀흰자를 거품 내고, 그래뉴당을 넣어 뿔이 뾰족하게 설 정도로 거품을 낸다. **1**과 가볍게 섞은 후, 체에 친 박력분과 녹인 버터를 순서대로 넣고 섞는다.

3
24×33㎝ 틀 2개에 **2**를 붓고, 210℃로 예열한 오븐에 8분 굽는다.

Jus de fraise

딸기 주스

재료 만들기 적당한 분량

딸기(냉동·통째) fraise 250g
그래뉴당 sucre semoule 38g
레몬즙 jus de citron 15g

만드는 방법

1

진공팩에 모든 재료를 넣고 진공포장기로 팩 속 공기를 뺀다. 뜨거운 물에 팩째 넣고 약한 불로 끓기 직전(80~90℃) 상태를 유지하면서 과즙이 나올 때까지 가열한다.*

2

얼음물이 담긴 볼 위에 다른 볼과 체를 얹고 딸기가 뭉개지지 않도록 걸러 과즙만 받는다(딸기는 마멀레이드에 사용한다).

* 또는 볼에 모든 재료를 넣고 비닐랩을 씌워 중탕한다.

Crème glacée de chartreuse
샤르트뢰즈 아이스크림

재료 20~24인분(24~33㎝ 틀 1개 분량)

우유 lait …… 1L
생크림(유지방 38%) crème liquide …… 275g
타임 thym …… 5g
달걀노른자 janues d'œufs …… 240g
그래뉴당 sucre semoule …… 150g
탈지분유 poudre de lait …… 50g
샤르트뢰즈* chartreuse …… 100g

* 프랑스 동남부의 〈르 그랑드 샤르트뢰즈(Le Grande Chartreuse)〉 수도원에서 만든 약초 리큐어. 허브향이 강한 「벨(Velt, 그린)」, 단맛이 강한 「존(Jaune, 옐로)」 등의 종류가 있다.

만드는 방법

1
냄비에 우유, 생크림, 타임을 넣고 끓기 직전까지 가열한다.

2
볼에 달걀노른자와 그래뉴당을 넣고 하얗게 될 때까지 섞은 후, 탈지분유를 넣고 섞는다. 우선 1의 ½을 넣고 섞은 후, 다시 냄비에 옮겨 담아 전체를 섞으면서 83℃까지 가열한다.

3
2를 체에 걸러 볼에 담고, 얼음물이 담긴 볼 위에 얹어 섞으면서 식힌다.

4
샤르트뢰즈를 넣고, 아이스크림 기계에 넣는다.

5
24×33㎝ 틀에 비스퀴 조콩드를 깔고, 완성된 아이스크림을 넣어 평평하게 다듬는다. 그 위에 다시 1장의 비스퀴 조콩드를 덮고 냉동실에서 굳힌다.

6
굳으면 맨 위의 죠콩드 위에 딸기 마멀레이드(아래 참조)를 얇게 바른다.

Marmelade à la fraise
딸기 마멀레이드

재료 만들기 적당한 분량

딸기(주스를 만들고 남은 것) fraises …… 210g
그래뉴당 sucre semoule …… 21g

만드는 방법

1
냄비에 모든 재료를 넣고 불에 올린 후, 딸기를 으깨면서 수분이 없어질 때까지 조린다.

2
볼에 옮겨 담고, 얼음물이 담긴 볼 위에 얹어 식힌다.

Gelée de fraise et orange
딸기 오렌지 젤리

재료 10인분(19×25㎝ 트레이 1개 분량)

물 eau 320g

그래뉴당 sucre semoule 120g

판젤라틴 gélatine en feuilles 28g

A │ 레몬즙 jus de citron 40g

　│ 오렌지주스(100%) jus d'orange 60g

　│ 딸기 주스(p.228 참조) jus de fraise 10g

딸기 fraises 6개

오렌지 카르티에 quartiers d'orange ...... 1개 분량

타임 thym ...... 적당량

오렌지껍질 콩피 écorce d'orange confite ...... 적당량

만드는 방법

1

냄비에 물과 그래뉴당을 넣고 끓이다가, 물에 불려 물기를 제거한 판젤라틴을 넣고 녹인다.

2

볼에 옮겨 담고 밑에 얼음물이 든 볼을 받쳐 실온까지 식힌 후, A를 넣어 섞는다.

3

19×25㎝ 트레이 안에 소독용 알코올 또는 물(분량 외)을 뿌리고, 꺼내기 쉽도록 비닐랩을 씌운다.

4

3의 트레이에 2를 3㎜ 두께로 붓고 냉장고에서 완전히 굳기 직전까지 식힌다.

5

4 위에 꼭지를 떼고 8등분한 딸기, 1㎝ 길이로 자른 오렌지 카르티에, 굵게 다진 타임잎, 오렌지껍질 콩피를 흩뿌린다.

6

남은 2를 5에 붓고 실리콘주걱으로 타임을 눌러 가라앉힌다. 냉장고에서 굳힌다.

Ecorce d'orange confite

오렌지껍질 콩피

재료 만들기 적당한 분량

오렌지껍질 écorce d'orange ······ 2개 분량

시럽 sirop

 | 물 eau ······ 300g
 | 그래뉴당 sucre semoule ······ 150g

만드는 방법

1
오렌지껍질을 뜨거운 물에 데쳐 채썬다.

2
냄비에 시럽재료를 넣고 끓이다가, **1**을 넣어 약한 불로 가열한다. 시럽이 졸고, 오렌지껍질이 부드러워질 때까지 끓인다.

[조합 + 플레이팅]

재료 마무리용

화이트초콜릿 플래케트*
　　plaquette de couverture blanc ······ 적당량

딸기 fraise ······ 적당량

오렌지 카르티에
　　quartiers d'orange ······ 적당량

오렌지껍질 콩피
　　écorce d'orange confite ······ 적당량

타임(줄기째) thym ······ 적당량

*　장식용의 작은 판상형 초콜릿.

1 비스퀴 사이에 샤르트뢰즈 아이스크림 넣은 것을 4×4㎝ 크기로 자른다.

2 아이스크림 옆면에 4㎝ 너비로 어슷하게 자른 화이트초콜릿 플래케트를 붙인다.

3 접시에 4×4㎝ 크기로 자른 딸기 오렌지 젤리 2개를 대각선으로 놓는다.

4 각각의 젤리 사이에 **2**의 아이스크림 2개를 바둑판모양으로 배치한다.

5 **4** 위에 마무리용 딸기, 오렌지 카르티에, 오렌지껍질 콩피를 올리고 타임으로 장식한다. 딸기 주스로 접시에 선을 그린다.

Guimauve à l'orange

오렌지 마시멜로

최근에는 젤라틴, 설탕, 젤리만으로 만든 마시멜로가 일반적이지만,
여기서는 예전부터 만들어온 달걀흰자를 베이스로 한 레시피로 만들었다.
왜건 디저트의 기본으로, 개인적으로 좋아하는 디저트 중 하나.
보송보송 부드러운 식감과 사르르 녹는 맛이 입 안에 감돌아 뒷맛이 좋다.

Guimauve à l'orange

오렌지 마시멜로

재료   19×25㎝ 트레이 1개 분량

A | 그래뉴당   sucre semoule   ······ 240g
    | 물엿   glucose   ······ 50g
    | 물   eau   ······ 75g

판젤라틴   gélatine en feuilles   ······ 12g
달걀흰자   blancs d'œufs   ······ 80g
그래뉴당   sucre semoule   ······ 10g
오렌지 콩상트레 (도버 사의 토크블랑슈)   concentré d'orange(Toqueblanche)   ······ 15g
스프레이오일(또는 식용유)   huile   ······ 적당량
옥수수 전분과 슈거파우더를 1:1로 합친 것   mélange 1:1 (maïzena, sucre glace)   ······ 적당량

만드는 방법

1
트레이 안에 스프레이오일을 뿌리거나 식용유를 얇게 바른 후 비닐랩을 깐다.

2
냄비에 A를 넣고 130℃까지 가열한 후, 물에 불려 물기를 제거한 판젤라틴을 넣어 녹인다.

3
믹서볼에 달걀흰자를 넣어 80% 정도 거품을 내고, 그래뉴당을 넣어 뿔이 뾰족하게 설 정도로 거품을 낸다.

4
3의 볼 가장자리에 2를 조금씩 넣으면서 섞는다. 속도를 조금 낮추고 한 김 식을 때까지 섞는다. 오렌지 콩상트레를 넣고 체온 정도로 섞어 식힌다.

5
준비한 트레이에 4를 붓고 평평하게 다듬는다. 냉장고에 하룻밤 넣어둔다.

6
트레이에서 꺼내 먹기 좋은 크기로 자른다. 합쳐둔 옥수수 전분과 슈거파우더를 묻히고, 여분의 가루를 털어낸다.

Fondant chocolat
et framboise parfumé
aux fèves de tonka

통카향 라즈베리 퐁당 쇼콜라

원래 결혼식용으로 만든 퐁당 중에서 3종류를 담았다.
바닐라와 아니스향을 지닌 향신료 통카를 넣어 향을 강조하였다.
튀일은 다양하게 응용할 수 있는데, 여기서는 원통모양으로 둥글려
안에 내용물을 넣은 변형 패턴을 사용하였다.

Fondant chocolat

퐁당 쇼콜라

재료 지름 5.5×높이 5㎝ 세르클틀 11~12개 분량

다크초콜릿(카카오 55%)　couverture noir　…… 90g

초콜릿(발로나 사의 P125)　couverture noir(Valrhona P125)　…… 70g

버터　beurre　…… 55g

물엿　glucose　…… 20g

강력분　farine forte　…… 12g

달걀흰자　blancs d'œufs　…… 100g

그래뉴당　sucre semoule　…… 55g

달걀노른자　janues d'œufs　…… 60g

만드는 방법

1

세르클틀의 바닥과 옆면에 베이킹 시트를 깔고 오븐팬에 올린다.

2

볼에 2가지 초콜릿, 버터, 물엿을 넣고 중탕으로 녹인다(약 50℃).

3

2에 체에 친 강력분을 넣고 섞는다.

4

믹서볼에 달걀흰자를 넣고 80% 정도 거품을 낸다. 그래뉴당을 2~3번에 나누어 넣고 뿔이 뾰족하게 설 정도로 거품을 낸다. 풀어놓은 달걀노른자를 넣고 실리콘주걱으로 재빨리 섞는다.

5

3에 4를 조금씩 넣으면서 섞은 후, 나머지를 2~3번에 나누어 넣고 섞는다. 구울 때 너무 많이 부풀지 않도록 실리콘주걱으로 거품을 조금씩 없앤다.*

6

짤주머니에 5를 담아 준비한 틀에 40g씩 짜 넣는다.

7

조합하기 직전에 210℃로 예열한 오븐에 5~6분 굽는다. 표면이 갈라지면 완성.

＊　살짝 섞으면 비스퀴 같은 부드러운 반죽이 된다.

Tuiles

튀일

재료 20인분

A	슈거파우더 sucre glace 50g
	강력분 farine forte 13g
	카카오파우더 cacao en poudre 5g
	소금 sel 1g

달걀 œufs 60g

녹인 버터 beurre fondu 50g

프랄리네 praliné 100g

만드는 방법

1

A를 합쳐 체에 쳐서 믹서볼에 넣는다. 풀어놓은 달걀을 넣고 살짝 섞다, 녹인 버터, 프랄리네 순서로 넣어 골고루 섞는다.

2

실리콘 베이킹 매트를 깐 오븐 팬에 **1**을 팔레트나이프로 얇게 펼쳐서 150℃로 예열한 오븐에 8분 굽는다.

3

한 김 식힌 후, 따뜻할 때 5×16 ㎝의 직사각형으로 자른다. 직사각형의 긴 쪽을 굴려 통모양으로 만든 후, 그대로 식힌다.*

* 성형하기 전에 굳으면 오븐에 넣고 살짝 데운다.

Ganache aux fèves de tonka

통카 가나슈

재료 20인분

다크초콜릿(카카오 55%) couverture noir 180g

생크림(유지방 38%) crème liquide 120g

우유 lait 100g

통카* fèves de tonka 10g

* 바닐라나 아니스와 같은 향을 지닌 향신료.

만드는 방법

1

초콜릿을 굵게 다져서 볼에 넣는다.

2

냄비에 생크림, 우유, 굵게 다진 통카를 넣고 끓여서 향을 우려낸다.

3

1에 **2**를 넣고 골고루 섞은 후, 비닐랩을 씌워 냉장고에 하룻밤 식혀 굳힌다.

Marmelade à la framboise

라즈베리 마멀레이드

재료 15인분

라즈베리(냉동·잘게 다진 것) framboises 200g

그래뉴당 sucre semoule 40g

A ｜ 그래뉴당 sucre semoule 30g

　｜ 펙틴 NH pectine NH 4g

만드는 방법

1
냄비에 라즈베리와 그래뉴당을 넣고 섞으면서 가열한다.

2
A를 골고루 섞어서 1에 넣고 섞는다.

3
한소끔 끓인 후 불에서 내려 식힌다.

Crème glacée aux framboises / fèves de tonka

라즈베리 통카 아이스크림

재료 20인분

우유 lait 250g

생크림(유지방 38%) crème liquide 200g

통카 fèves de tonka 12g

달걀노른자 janues d'œufs 90g

그래뉴당 sucre semoule 80g

라즈베리 퓌레 pulpe de framboise 125g

만드는 방법

1
냄비에 우유, 생크림, 굵게 다진 통카를 넣고 끓기 직전까지 가열한다.

2
볼에 달걀노른자와 그래뉴당을 넣고 하얗게 될 때까지 섞는다. 우선 1의 ½을 넣고 섞은 후, 다시 냄비에 옮겨 담고 전체를 섞으면서 83℃까지 가열한다.

3
2를 체에 걸러 볼에 담고, 얼음물이 담긴 볼 위에 얹어 식힌다. 라즈베리 퓌레를 넣은 후, 아이스크림 기계에 넣는다.

Emulsion aux fèves de tonka

통카 에멀션

재료 만들기 적당한 분량

우유 lait …… 150g

생크림(유지방 38%) crème liquide …… 50g

그래뉴당 sucre semoule …… 10g

통카 fèves de tonka …… 6g

만드는 방법

1
통카를 굵게 다져서 다른 재료와 함께 냄비에 넣고 끓여 향을 우려낸 후 체에 거른다.

2
핸드블렌더로 큰 거품이 없어지도록 섞고 잠시 그대로 놓아둔다.

3
2를 2~3번 반복하여 고운 거품을 만든다.

[조합 + 플레이팅]

재료 마무리용

라즈베리 소스

　　sauce à la framboise …… 적당량

라즈베리 framboises …… 1인분에 약 5개

금박 feuille d'or …… 적당량

1

풍당 쇼콜라를 오븐에 구울 동안 다른 재료들을 접시에 담는다. 아이스크림을 놓을 위치에 마멀레이드를 조금 올리고, 브러시를 사용하여 라즈베리 소스로 선을 그린다.

2

튀일을 올리고 그 안에 라즈베리 마멀레이드를 5㎜ 높이로 담는다. 그 위에 가나슈를 반정도 채우고 마무리용 라즈베리를 3개 넣는다. 접시에도 라즈베리를 2개 정도 담는다.

3

풍당 쇼콜라가 구워지면 세르클틀과 베이킹 시트를 분리한 후 슈거파우더를 뿌려 접시에 담는다.

4

마멀레이드 위에 럭비공모양(크넬)의 아이스크림을 올리고, 에멀션은 다시 거품을 내어 2의 튀일 가운데에 수북하게 담는다. 마지막에 금박을 올려 장식한다.

DESSERT NO HASSO TO KUMITATE by Mari TANAKA
Copyright ⓒ 2011 Mari TANAKA
All rights reserved.
Original Japanese edition published by Seibundo Shinkosha Publishing Co., Ltd.
This Korean edition is published by arrangement with Seibundo Shinkosha Publishing Co., Ltd., TOKYO
in care of Tuttle-Mori Agency, Inc., Tokyo through ENTERS KOREA CO., LTD., Seoul.
Korean translation rights ⓒ 2017 by Donghak Publishing Co., Ltd.

일본스태프
취재·정리_ 하야타 마사미, 사진_ 히키노 와카나, 북디자인_ 오가와 나오키, 제작협력_ FISH BANK TOKYO

지은이 _ 마리 다나카 [田中 真理]

1974년 시즈오카현 가케가와시에서 태어났다. 고교 졸업 후 프랑스에 유학하여 제과학교와 파리의 유명 파티세리 네 곳에서 프랑스 디저트의 기초를 배웠다. 귀국 후 몇 곳에서 경험을 쌓은 후 파티시에로 활동하다가 다시 프랑스로 갔다. 〈코로바(Korova)〉를 거쳐 〈그룹 알랭 뒤카스(Group Alain Ducasse)〉에 입사하였다. 1스타 레스토랑 〈59 무앵카레(59 Poincaré)〉에서 레스토랑 디저트의 매력에 눈을 뜨고, 불랑제리 〈be〉를 거친 후 이 그룹의 최고봉인 3스타 레스토랑 〈알랭 뒤카스 오 플라자 아테네(Alain Ducasse au Plaza Athenee)〉에서 활동하였다. 엄격한 현장에서 파티시에로서 한층 더 성장하였다. 2006년 프랑스에서 열린 〈제32회 프랑스 디저트 선수권〉 프로페셔널 부문에서 우승한 계기로 귀국하였다. 아오야마의 「브누아(Benoit)」를 거쳐 그룹을 퇴사하였다. 2008년 디저트 플래너로 독립하여 레스토랑의 레시피를 제공하거나 기술을 지도하고, 제과학교에서 강의하는 등 폭넓은 분야에서 활약하고 있다.

옮긴이 _ 용동희

다양한 분야를 넘나들며 활동하는 푸드디렉터. 메뉴 개발, 제품 분석, 스타일링 등 활발한 활동을 이어가고 있다. 현재 콘텐츠 그룹 CR403에서 요리와 스토리텔링을 담당하고 있다. 또한 그린쿡과 함께 일본 요리책을 한국에 소개하는 요리 전문 번역가로도 활동하고 있다. 저서로는 『아이와 함께하는 행복한 요리』, 『당신에게 드리는 도시락 선물』, 『찬국수』 등이 있으며, 역서로는 『햄버거, 어떻게 조립해야 하나?』, 『샌드위치, 어떻게 조립해야 하나?』, 『스시의 기술』, 『튀김의 기술』, 『고기굽기의 기술』, 『플레이팅의 기술』, 『소스의 기술』, 『마리네이드의 기술』, 『식빵의 기술』, 『치즈 소믈리에가 되다』, 『봄, 여름, 가을, 겨울 과일을 맛있게 사랑하는 114가지의 방법』 등 수많은 책이 있다.

레스토랑 디저트,
어떤 아이디어로 조합해야 하나?

펴낸이	유재영	
펴낸곳	그린쿡	
지은이	마리 다나카	
옮긴이	용동희	
기 획	이화진	
편 집	나진이	
디자인	임수미	

1판 1쇄 2017년 9월 10일
1판 2쇄 2021년 4월 30일

출판등록 1987년 11월 27일 제10-149

주소 04083 서울 마포구 토정로 53(합정동)
전화 324-6130, 324-6131
팩스 324-6135
E-메일 dhsbook@hanmail.net
홈페이지 www.donghaksa.co.kr / www.green-home.co.kr
페이스북 www.facebook.com / greenhomecook
인스타그램 www.instagram.com/__greencook

ISBN 978-89-7190-603-3 13590

GREENCOOK

GREENCOOK은 최신 트렌드의 요리, 디저트, 브레드는 물론 세계 각국의 정통 요리를 소개합니다. 국내 저자의 특색 있는 레시피, 세계 유명 셰프의 쿡북, 전 세계의 요리 테크닉 전문서적을 출간합니다. 요리를 좋아하고, 요리를 공부하는 사람들이 늘 곁에 두고 활용하면서 실력을 키울 수 있는 제대로 된 요리책을 만들기 위해 고민하고 노력하고 있습니다.